资助经费来源：玉林师范学院硕士点建设专用经费

智慧农业与耕读教育的有机结合：
新农科人才培养的教育创新

王道波　著

新 华 出 版 社

图书在版编目（CIP）数据

智慧农业与耕读教育的有机结合：新农科人才培养
的教育创新 / 王道波著. -- 北京：新华出版社，2025.4
ISBN 978-7-5166-7914-2

Ⅰ.S

中国国家版本馆CIP数据核字第20255CV281号

智慧农业与耕读教育的有机结合：新农科人才培养的教育创新

著者：王道波

出版发行：新华出版社有限责任公司

（北京市石景山区京原路8号　邮编：100040）

印刷：定州启航印刷有限公司

成品尺寸：170mm×240mm　1/16　　　**印张：**12.75　　　**字数：**200千字

版次：2025年4月第1版　　　　　　　　**印次：**2025年4月第1次印刷

书号：ISBN 978-7-5166-7914-2　　　　**定价：**78.00元

微店　　　视频小号店　　　抖店　　　京东旗舰店　　　请加我的企业微信

微信公众号　　　喜马拉雅　　　小红书　　　淘宝旗舰店　　　扫码添加专属客服

前 言

　　在科技日新月异的今天，农业作为国民经济的基础，正经历着前所未有的变革。智慧农业的兴起，不仅标志着农业生产方式的根本性转变，也对农业教育提出了全新的要求。在挑战与机遇并存的时代背景下，将传统耕读教育精髓与现代智慧农业技术有机融合，探索新农科人才培养的教育创新之路，具有重要的理论意义和实践价值。

　　智慧农业的时代呼唤。随着物联网、大数据、人工智能等先进技术的飞速发展，智慧农业作为现代农业的高级形态，正逐步从理论走向实践。智慧农业通过精准感知、智能决策、自动控制等手段，实现了农业生产全过程的智能化管理，极大地提高了农业生产效率和资源利用率。这一变革不仅为农业可持续发展提供了强大动力，也对农业教育提出了更高的要求。

　　耕读教育的历史传承与现代价值。耕读教育作为中华优秀传统文化的重要组成部分，承载着古代中国人对农业知识的尊重和对教育价值的追求。它以"耕"为基础，强调劳动实践；以"读"为本源，注重价值教育。在新时代背景下，耕读教育不仅具有传承和弘扬中华优秀传统文化的意义，更能够为培养具有家国情怀、创新精神和实践能力的新农科人才提供丰厚滋养。

　　新农科教育创新的迫切需求。随着智慧农业的快速发展，传统的农业教育模式已难以满足时代发展的需要。因此，教师应勇于探索教育创新之路，将智慧农业的新理念、新技术、新方法融入农业教育之中，重构课程体系、教学模式和评价体系，以培养出适应未来农业发展需要的高素质、复合型人才。

基于上述背景和认识，笔者撰写了《智慧农业与耕读教育的有机结合：新农科人才培养的教育创新》。本书旨在通过深入分析智慧农业的发展趋势和耕读教育的传统价值，探索两者有机结合的路径和方法；通过总结国内外相关领域的实践经验和研究成果，提出新农科人才培养的教育创新策略；通过具体案例的展示和分析，为农业教育的改革和发展提供有益的借鉴和参考。

笔者相信，本书的出版有助于推动智慧农业与耕读教育的深度融合，促进农业教育的创新发展；有助于培养更多具有家国情怀、创新精神和实践能力的新农科人才，为推进农业现代化、实现乡村全面振兴贡献智慧和力量。同时，笔者期待与广大读者、学者和教育工作者共同探讨这一领域的新问题、新挑战和新机遇，共同推动农业教育的繁荣与发展。

目 录

第一章　智慧农业与新农科教育的背景与理论基础

第一节　智慧农业的概念与发展趋势

一、智慧农业的定义与特点

智慧农业作为现代农业发展的高级阶段，深度融合了物联网、大数据、人工智能等现代信息技术手段，实现了农业生产的智能化、精细化和管理效率化。这一新型农业形态不仅是技术进步的产物，更是农业现代化建设的必然趋势。

智慧农业的核心在于利用现代信息技术对农业生产进行全方位、多层次的优化与提升。物联网技术的应用，使农业设备能够互联互通，实现数据的实时采集与传输；大数据技术的运用，则让海量的农业数据得以存储、分析，为决策提供了科学依据；而人工智能的加入，更是让农业生产具备了自主学习能力和优化能力，能够根据环境变化智能调整生产策略。

智慧农业的特点主要体现在以下几个方面：一是生产智能化，通过智能设备和系统的应用，实现农业生产的自动化和精准化控制，提高生产效率；二是管理精细化，借助大数据和人工智能技术，对农业生产过程进行实时监控和预测，及时发现问题并优化管理策略；三是决策科学化，基于数据驱动的决策模式，使农业决策更加科学、合理，有效降低生产风险。

智慧农业作为一种新型农业形态，以其独特的优势和巨大的潜力，引领着农业现代化建设的新潮流。通过深度融合现代信息技术手段，智慧农业不仅提升了农业生产的智能化水平和管理效率，更为农业可持续发展注入了新的活力。

二、智慧农业与传统农业的对比

在现代农业的发展进程中，智慧农业与传统农业的差异日益显著，主要体现在生产方式、资源配置、数据分析以及成本控制等方面。

在生产方式方面，传统农业长期依赖人工劳作和经验传承，智慧农业则引入了信息化和智能化的技术手段。近年来，随着物联网、大数据、人工智能等技术在农业领域的深入应用，智慧农业得以实现生产过程的精准控制和优化，显著提高了生产效率和产品品质。例如，通过智能化装备和算法，可以实现作物生长环境的实时监测和调节，为作物提供最佳的生长条件。

在资源配置方面，传统农业的资源配置效率相对较低，往往存在资源浪费和短缺并存的问题，智慧农业则通过精准管理实现了资源的高效配置和利用。借助物联网技术，可以实时监测土壤水分、养分等农业资源状况，并根据作物需求进行精准施肥、灌溉等操作，从而避免了资源的浪费，提高了生产效率。

在数据分析方面，传统农业在数据收集和分析方面手段有限，难以形成有效的数据支持决策，智慧农业则通过物联网、大数据等技术手段，实现了农业数据的全面、实时收集和分析。这些数据不仅包括作物生长环境、生长状况等基本信息，还包括市场需求、价格走势等市场信息。通过对这些数据的深入分析，可以为农业生产提供精准的决策支持。

在成本控制方面，传统农业的成本控制主要依赖人工监管，难以实现精细化的成本管理，智慧农业则通过智能化装备和算法实现了生产过程的自动化和智能化，从而有效降低了生产成本。例如，通过智能化装备可以完成精准施肥、灌溉等操作，避免了肥料的浪费和水的过度使用；通过算法优化生产过程，可以进一步提高生产效率，降低人工成本。

由此可见，智慧农业的引入和发展不仅提高了农业生产效率和产品品质，还实现了资源的高效配置和利用，为农业生产提供了精准的决策支持，并有效降低了生产成本。这些优势使得智慧农业在现代农业发展中具有广阔的应用前景和重要的推动作用。

三、智慧农业的发展历程

智慧农业作为农业现代化的重要方向，其发展历程可大致划分为三个阶段，每个阶段都伴随着信息技术的进步和农业生产需求的演变。

（一）初期阶段：农业信息数字化与智能化装备的探索

在智慧农业发展的初期阶段，农业信息的数字化成为首要任务。这一阶段的重点是研发和应用智能化装备，以提高农业生产的效率和准确性。随着信息技术的初步渗透，农业开始逐步摆脱传统的手工操作模式，向更加精准、高效的方向发展。智能化装备的应用，如智能农机、无人机喷洒系统等，极大地提升了农业作业的效率和质量，为智慧农业的进一步发展奠定了坚实的基础。

（二）发展阶段：物联网与大数据驱动的精准管理

随着物联网、大数据等技术的不断成熟和广泛应用，智慧农业进入了快速发展阶段。这一阶段的核心是实现农业数据的全面收集与分析，以及生产过程的精准管理。物联网技术使农田中的各种环境参数能够被实时监测和传输，为农业生产提供了丰富的数据支持。大数据技术的应用，则能够对这些海量数据进行深度挖掘和分析，为农业生产提供了更加精准的决策依据。这种基于数据的精准管理模式不仅提高了农业生产的效率，还有效减少了资源浪费和环境污染问题。

（三）成熟阶段：农业生态系统的构建与智能决策系统的完善

展望未来，智慧农业将步入成熟阶段。这一阶段的重点是构建农业生态系统和完善智能决策系统，以实现农业生产的可持续发展和高效化。农业生态系统的构建将注重生态平衡和环境保护，通过智能化技术优化农业资源配置，提高农业生产系统的整体效能。同时，智能决策系统将进一步完善，能够根据实时数据和历史经验为农业生产提供更加科学、合理的决策支持。这将使得农业生产更加智能化、自主化，为农业现代化的全面实现提供有力支撑。

四、国内外智慧农业发展现状

（一）国际智慧农业发展现状

在技术应用方面，国际智慧农业已相对成熟。例如，通过卫星定位、遥感监测等手段，实现对农田的精确管理，有效提高了作物产量和质量；无人农机也日益普及，它可以自主完成播种、施肥、收割等作业流程，极大地减轻了农民的劳动强度；传感器监测技术为农业生产提供了实时数据支持，帮助农民及时调整生产策略，应对各种环境变化。

智能化程度的提升是国际智慧农业发展的另一亮点。通过集成现代信息技术和农业工程技术，国际智慧农业实现了自动化种植、管理、收获等全过程。这种智能化的生产方式不仅提高了生产效率，还降低了生产成本，为农业可持续发展提供了新的路径。

与此同时，许多国家政府对智慧农业给予了高度重视和大力支持，通过出台相关政策，推动智慧农业创新发展。这些政策不仅为智慧农业提供了资金和技术支持，还为其创造了良好的市场环境和发展空间。

总体而言，国际智慧农业在技术应用、智能化程度和政策支持等方面均取得了显著进展，展现出广阔的发展前景。

（二）国内智慧农业发展现状

虽然国内智慧农业相较于国际智慧农业起步较晚，但近年来却展现出迅猛的发展势头，取得了令人瞩目的成效。随着科技的不断进步和创新，智慧农业已成为推动农业现代化、提升农业生产效率和质量的重要力量。

在技术创新方面，国内智慧农业不断突破，一系列先进的技术和设备得到广泛应用。例如，智能灌溉系统通过精准感知土壤湿度和作物需水情况，实现了水资源的节约和高效利用；农业物联网技术则通过实时监测和数据分析，帮助农民精准掌握农田环境信息，为科学决策提供了有力支持；无人机巡检技术也在农业领域大放异彩，不仅提高了巡检效率，还能及时发现并处理病虫害等问题。

我国政府近年来对智慧农业的发展给予了高度重视，出台了一系列政策，以推动其快速发展。这些政策不仅为智慧农业提供了资金支持，还为其创造了良好的发展环境和市场氛围。在政策的引导下，越来越多的企业和科研机构投身于智慧农业的研发和推广中，形成了产学研用紧密结合的良好局面。

国内智慧农业虽然起步较晚，但凭借技术创新和政策支持的双重驱动，取得了显著的发展成果。未来，随着科技的不断进步和政策的持续推动，智慧农业将在国内实现更广泛的应用和更深入的发展，为农业现代化建设注入更强劲的动力。

在具体实践方面，江苏省的智慧农业发展就是一个典型例证。随着5G技术的普及，江苏省的农业管理更加精准和高效。农民能够通过实时数据传输和分析，捕捉农田中的每一个细微变化，从而作出更科学的决策。这不仅提升了农业生产效率，还使农民从传统的土地耕作者转变为数据的掌控者和农业的管理者。

黑龙江省的智慧农业建设也取得了积极进展。例如，中国联通黑龙江分公司通过运用先进的信息技术，完成了"创新应用三维模型 建设实景数字乡村"和"数智赋能 团企融合 探索现代生猪养殖新模式"这两个项目。这些项目充分发挥了数据集中、系统集约、智慧运营的优势，为黑龙江省的农业现代化建设注入了新的活力。通过引入新技术和新设备，这些地区在农业种植养殖领域实现了效率提升和管理优化。这些成功案例不仅展示了智慧农业的广阔前景，也为其他地区提供了可借鉴的经验和模式。

五、智慧农业发展趋势

（一）技术融合与创新趋势

在智慧农业的发展浪潮中，技术的融合与创新成为推动行业进步的关键力量。特别是物联网、大数据、人工智能等现代信息技术，它们在农业领域的深度应用有助于重塑传统农业的生产与管理模式。

人工智能技术的深入应用正逐渐成为智慧农业的核心。通过图像识别技术，农场管理者能够实时监控作物生长状态，准确识别病虫害，从而及时采取有效措施。语音识别技术则使农机设备能够接收并执行语音指令，提高了操作的便捷性和安全性。智能决策系统则能够根据历史数据和实时环境信息为农业生产提供最佳的决策建议，显著提升了农业生产的智能化水平。

物联网技术的拓展应用为农业生产带来了前所未有的精准管理。通过遍布田间的传感器和智能设备，农民可以实时获取土壤湿度、温度、光照等关键数据，从而精确控制灌溉、施肥等农业生产环节。这种精准管理不仅提高了资源利用效率，还有效减少了环境污染，推动了农业的可持续发展。

大数据分析与挖掘在智慧农业中的作用日益凸显。通过收集和分析海量的农业生产数据，如气象、土壤、作物生长情况等信息，大数据技术能够为农业生产提供更为精准的预测和优化方案。这不仅有助于农民制订更为合理的种植计划，还能帮助他们在面对自然灾害等不可预测因素时作出更为迅速和准确的应对。

随着技术的不断进步和融合，智慧农业正迎来前所未有的发展机遇。从人工智能的深入应用到物联网技术的广泛拓展，再到大数据分析与挖掘的精准助力，这些先进技术共同推动着农业生产的现代化进程，为农业的优质、高效和可持续发展注入了新的活力。

（二）产业升级与转型方向

在当今社会，随着科技的飞速进步，智慧农业已成为推动农业产业升级与转型的重要力量。智慧农业通过引入现代信息技术和智能装备，不仅显著提升了农业生产的效率和质量，还促进了农业与其他行业的跨界融合与协作，为农业的可持续发展注入了新的活力。

智慧农业的发展推动了农业与物流业的深度融合。例如，伽师新梅产业依托智能科技与冷链物流的高效赋能，实现了从采摘到消费者餐桌的无缝对接，大幅缩短了流通时间，保证了果品的新鲜度。这种跨界融合的模式不仅提升了农产品的附加值，也满足了消费者对高品质农产品的需求。

同时，智慧农业在推动农业生产标准化和规范化方面发挥了重要作用。通过引入物联网、大数据等先进技术，农业生产过程中的环境、作物生长情况等信息得以实时获取和分析，为农业生产提供了科学决策的依据。这种标准化和规范化的生产方式不仅提高了农业生产的效率，还有效保障了农产品的质量和安全。

智慧农业还促进了农业生产的多元化发展。随着消费者需求的日益多样化，特色农业、绿色农业等新型农业形态应运而生。智慧农业通过精准的市场分析和个性化的生产服务，为这些新型农业形态提供了有力的支持。例如，北大荒集团通过建立天地空一体化监测体系，为农业生产提供了精细化的数据支撑，推动了特色农业数字化转型发展。

智慧农业作为农业产业升级与转型的重要方向，正引领着农业走向一个更加高效、绿色、可持续的未来。未来，随着科技的不断进步和应用场景的不断拓展，智慧农业将释放出更加巨大的潜力，为全球经济社会的发展作出重要贡献。

（三）市场需求与消费趋势

在当前的市场环境下，农产品的消费需求发生了显著的变化，其主要体现在品质化与营养化、个性化与定制化及便捷化与智能化三个方面。

随着消费者对健康饮食的日益关注，他们对农产品的品质和营养要求也在不断提高。这不仅体现在对农产品外观、口感等基础品质的追求上，更体现在对其营养价值、健康属性的深层次需求上。例如，兰州市气象部门通过构建农田小气候监测网，实时监测全生长周期高影响气象要素，以精准把握气象条件对蔬菜品质的影响。这正是对品质化与营养化趋势的积极回应。

个性化与定制化的农产品需求逐渐出现。现代消费者更加注重个性化的消费体验，他们希望能够根据自己的口味偏好、营养需求等定制专属的农产品。这种需求模式的转变，要求农业生产者必须具备更强的市场洞察力和产品创新能力，以满足消费者日益多样化的个性需求。

在消费方式上，便捷化与智能化正成为新的趋势。随着电商平台的普及和物流体系的完善，消费者越来越能享受到足不出户就能购买到新鲜农产品的便利。智能化技术的应用，如智能推荐、语音购物等，则进一步提升了消费者的购物体验，使得农产品消费更加便捷、高效。

（四）可持续发展与环保趋势

资源节约与循环利用是智慧农业的重要特征。通过引入先进的技术手段，如智能灌溉技术和精准施肥技术，农业生产中对水、肥料等资源的利用效率得到了显著提升。这些技术能够根据作物的实际需求，精确控制水和肥料的施用量，从而避免了资源的浪费，并减轻了农业生产对环境的压力。

在生态保护与修复方面，智慧农业同样发挥着积极作用。例如，通过数据分析和模型预测，农业生产者可以更加精准地了解土地的营养状况和生态需求，从而制订合理的土地利用计划。智慧农业还助力植树造林和污染治理等生态工程，为改善农业生态环境贡献力量。

绿色发展与环保理念在智慧农业中得到了深刻体现。随着人们环保意识的提升，农业生产不再仅仅追求产量，还更加注重环境的可持续性。智慧农业通过引入环保理念和技术手段，推动农业生产向更加绿色、高效的方向发展。这不仅有助于保护生态环境，也为农业的长期可持续发展奠定了坚实基础。

智慧农业在可持续发展与环保方面展现出显著的优势和潜力。通过资源节约、生态保护与绿色发展等多方面的努力，智慧农业正引领着现代农业走向更加环保、高效和可持续的未来。

第二节　新农科教育的使命

一、新农科教育的定义及特点

新农科教育作为一种新型的教育模式，致力培养具备创新精神、实践能力和跨学科素养的农业人才。它强调科技与农业的深度融合，不仅关注学生的理论知识掌握情况，更注重培养学生的文化素质与适应能力。这种教育模式的出现，是对传统农业教育的一次深刻变革，旨在更好地适应现代农业发展的需要。

注重实践与应用是新农科教育的显著特点之一。通过产学研合作、校企合作等方式，学生可以获得丰富的实践机会，从而将在课堂上学到的理论知识应用到实际生产中。这种实践与应用并重的教育方式不仅有助于提高学生的动手能力，还能够培养学生的问题解决能力和创新思维。例如，在一些农业科技示范区，学生可以直接参与到农业科技的研发和推广中，从而更直观地了解农业科技的魅力和价值。

新农科教育还强调学生的主体地位与参与度。在这种教育模式下，学生不再是被动接受知识的容器，而是成为主动探索、积极实践的学习者。教师则更多地扮演引导者和支持者的角色，鼓励学生自主思考、自由探索。这种以学生为主体的教育方式有助于激发学生的学习兴趣和动力，培养学生的自主学习能力和终身学习习惯。

同时，新农科教育注重跨学科知识的传授与融合。在现代农业发展中，单一学科知识已经难以解决复杂问题。因此，新农科教育致力打破学科壁垒，促进不同学科之间交叉融合。通过跨学科课程的学习和实践，学生可以拓宽知识视野，提高综合运用知识解决问题的能力。这种跨学科的教育方式有助于培养具有全面素质和创新能力的新型农业人才。

新农科教育以其独特的教育理念和实践方式，为现代农业发展注入了新的活力。通过培养具备创新精神、实践能力和跨学科素养的农业人才，新农科教育为推动农业现代化和实现乡村振兴作出重要贡献。

二、新农科教育的使命

（一）培养现代化农业人才的使命

在农业现代化进程中，新农科教育承载着至关重要的使命，它不仅关乎农业技术的革新与推广，更涉及培育具备创新精神和实践能力的农业人才，以提升整个农业产业的服务水平和服务质量。

新农科教育深刻认识到引进和推广农业技术的重要性。随着科技的飞速发展，先进技术层出不穷。这些技术的引进与推广，为农业现代化提供了强有力的支撑。例如，在某些地区，通过构建纵向联动和横向协同的农业技术推广体系，确保科技成果能够迅速从高层级机构下达到基层农技推广部门，从而实现了技术的及时传递和高效应用。这种体系不仅促进了先进农业技术的普及，还加强了技术与实际应用的结合，推动了农业生产的现代化进程。

新农科教育致力培养创新型农业人才。在当前农业转型的关键时期，具备创新精神和实践能力的人才显得尤为重要。新农科教育通过改革教育模式，注重理论与实践相结合，鼓励学生参与农业科研项目，培养其独立思考和解决问题的能力。这种教育理念的实施，不仅有助于提升学生的综合素质，更为农业的创新发展注入了新的活力。

提高农业从业者的素质也是新农科教育的重要任务。随着农业现代化的不断推进，对农业从业者的要求也越来越高。为了提高农业从业者的专业技能和知识水平，新农科教育积极开展各类培训活动，如农机驾驶培训等，旨在提升农业从业者的整体素质和技能水平。这些培训活动的开展，不仅有助于提高农业生产效率，还能促进农业产业的可持续发展。

新农科教育在培养现代化农业人才方面肩负着重要使命。通过引进和推广农业技术、培养创新型农业人才以及提高农业从业者的素质等措施，新农科教育为农业的现代化和可持续发展奠定了坚实基础。

（二）在推动农业科技创新发展中的作用

在推动农业科技创新发展的过程中，新农科教育扮演着至关重要的角色。它通过系统的教育体系和实践平台，为农业领域输送了一批批具备创新精神和实践能力的专业人才。这些人才不仅深谙农业科技的最新动态，而且能够将其应用于实际生产中，从而推动农业科技不断向前发展。

具体而言，新农科教育在促进农业成果转化方面成效显著。在传统的农业生产模式中，科技成果的转化往往受到诸多限制，难以迅速应用于实际生产中。然而，新农科教育注重理论与实践的紧密结合，通过搭建产学研一体化的平台，使农业科技成果能够快速转化为生产力。例如，在某些农业示范区，新农科人才利用先进的科技手段，成功提升了粮食产量，并辐射带动了周边地区的高标准农田建设，显著提高了农业生产的效率和效益。

新农科教育在引领农业未来发展方面同样发挥着举足轻重的作用。随着科技的飞速进步，农业领域正面临着前所未有的变革。新农科教育紧跟时代步伐，不断更新教育内容和方式，致力培养能够适应未来农业发展需求的高素质人才。这些人才不仅具备深厚的农业科技知识，还拥有前瞻性的视野和创新精神，能够为农业产业的未来发展提供有力的支撑和保障。

新农科教育在推动农业科技创新发展中的作用不容忽视。它通过培养专业人才、促进成果转化以及引领未来发展等方面的努力，为农业科技创新注入了源源不断的动力，推动农业产业持续进步和繁荣。

（三）对乡村振兴战略实施的支持

在实施乡村振兴战略的过程中，新农科教育发挥着至关重要的作用，其主要体现在以下几个方面：

培养乡村人才：新农科教育致力培育具备专业技能和知识的乡村人才，以适应现代农业发展的需求。通过提供专业的农业教育和培训，新农科教育帮助农民掌握先进的农业技术和管理方法，从而提高他们的生产效率。这种教育模式不仅为乡村地区输送了大量高素质人才，也为乡村振兴提供了坚实的人才基础。例如，某些培训机构通过线上线下相结合的方式，为农民提供了便捷高效的学习平台，使他们能够随时随地获取新知识、提升自身技能。

推动乡村产业升级：新农科教育通过引导和支持乡村产业创新发展，助力乡村产业结构调整和转型升级。在教育内容的设置上，新农科教育注重与乡村产业发展的实际需求相结合，推动农业与现代科技、市场营销等领域深度融合。这不仅有助于提升乡村产业的附加值和竞争力，还能够为农民创造更多的就业机会和收入来源。通过新农科教育的引领和推动，乡村产业正逐步从传统农业向现代农业转变，实现可持续发展。

促进乡村文化发展：新农科教育在传承和弘扬乡村文化方面也发挥着重要作用。在教育过程中，新农科教育注重挖掘乡村文化的内涵和价值，通过课程设置、实践活动等多种形式，将乡村文化元素融入教育中。这不仅有助于增强农民对乡村文化的认同感和归属感，还能够促进乡村文化的传承和发展。同时，新农科教育积极推动乡村文化与旅游、电商等行业融合发展，为乡村文化的传播和推广提供了更广阔的平台。

（四）促进农业可持续发展的重要性

在促进农业可持续发展的过程中，新农科教育发挥着至关重要的作用。该教育理念不仅注重环保与资源利用，更致力提高农业生产效率和农民收入，从而推动农业绿色转型与升级。

在环保与资源利用方面，新农科教育积极推广环保技术和节约资源的方法。通过这些举措，农业生产对环境的负面影响得到有效降低，为实现可持续发展奠定了坚实基础。在具体实践中，新农科教育引导农民合理利用水资源、减少化肥农药的使用，以及采用生态友好的耕作方式，共同维护生态平衡。

农业生产效率的提升是新农科教育的另一重要目标。通过引进和推广高效的农业生产技术，新农科教育助力农民实现生产方式的转型升级。这不仅提高了农业生产的效率和效益，还有助于增强农业的市场竞争力。在新技术的推动下，农业生产逐渐走向智能化、精准化，为现代农业发展注入了强劲动力。

新农科教育还致力提高农民的技能和素质，以增加农民的收入。通过提供系统的培训和教育，农民得以掌握先进的农业知识和技术，从而提高自身的生产能力。随着农民收入的增加，他们的生活质量得到显著改善，农村社会也呈现出更加稳定和发展的态势。

总体而言，新农科教育在促进农业可持续发展方面发挥着举足轻重的作用。通过注重环保与资源利用、提升农业生产效率以及增加农民收入等多方面的努力，新农科教育为农业的绿色转型与升级提供了有力支持。

第三节　耕读教育的历史、现代意义与理论基础

一、耕读教育概述

（一）耕读教育的定义与内涵

耕读教育作为一种传统而深远的教育方式，融合了耕种与阅读两大

元素，旨在通过实践劳动与知识学习的有机结合，全面提升学生的综合素质。这种教育方式不仅注重学生的体力劳动，强调通过耕种等实践活动让学生亲身体验劳动的价值与乐趣，更重视在此过程中穿插文化知识的学习，从而提高学生的文化素养和认知水平。

深入剖析耕读教育的内涵，不难发现其核心理念在于劳动与智慧的完美结合。在耕种实践中，学生得以亲近自然、了解农作物的生长规律，培养了对自然的敬畏之心和环保意识。阅读则为学生提供了汲取人类智慧结晶的途径，通过书籍的引领，学生能够跨越时空的界限，与古今中外的杰出人物对话，从而拓宽视野、增长见识。

耕读教育还蕴含着深厚的德育意义。在劳动过程中，学生需要学会与他人合作、分享成果，这在无形中培养了他们的团队协作精神和集体荣誉感。通过亲身参与劳动，学生更加珍惜劳动成果，懂得感恩与回报，这对于塑造他们健全的人格和培养良好的道德品质具有不可估量的作用。

由此可见，耕读教育不仅是一种独特的教育方式，更是一种全面培养学生综合素质、促进其全面发展的有效途径。它将劳动与智慧、理论与实践、德育与智育有机地融合在一起，为学生搭建了一个广阔而丰富的成长平台。

（二）耕读教育的起源与发展

耕读教育，这一深深根植于古代农耕社会的教育方式，自古以来便是中华民族重视劳动与知识相结合的重要体现。其起源可追溯至古代，那时人们已深刻认识到耕种与阅读在个体成长和社会发展中的不可或缺性，因此，将二者有机结合，形成了独具特色的耕读教育方式。

在古代社会，耕读教育主要侧重于耕种实践，强调的是通过亲身参与劳动，让学生体验耕种的艰辛与乐趣，从而培养其勤劳节俭、自强不息的品质。随着历史的演进和社会的变迁，耕读教育融入了更多的知识学习和文化素养提升的元素。这一转变不仅丰富了耕读教育的内涵，也使其更加符合时代发展的需求。

近代以来，耕读教育受到了更为广泛的关注和研究。其教育理念和教育模式不断得到创新和完善，内涵和外延也得以进一步拓展和深化。如今，耕读教育已经超越了传统意义上的耕种与阅读，更多强调的是劳动与实践在知识学习和个体成长中的重要作用，以及传统文化在现代教育中的传承与发展。

纵观耕读教育的发展历程，不难看出其在不同历史时期都发挥着积极的作用。

（三）耕读教育的研究意义

耕读教育作为一种传统而深远的教育方式，在当代社会依然具有不可忽视的价值。其通过融合劳动实践与文化学习，对学生个体成长及社会文化传承产生了积极影响。

在促进学生综合素质发展方面，耕读教育通过引导学生参与农耕活动，让其体验劳作之辛苦与收获之喜悦，培养了学生的劳动意识与实践能力。同时，在劳动过程中融入文化知识的教授，使得学生在亲身实践中感悟知识，提升其文化素养与审美情趣。这种教育方式有助于学生形成健全的人格和良好的道德品质，增强社会责任感，从而实现个体素质的全面发展。

耕读教育是继承和传播传统文化的重要途径。在耕读教育中，学生不仅能学习到农耕技艺，还能接触到丰富的农耕文化，如农业谚语等。这些文化元素蕴含着深厚的民族智慧和历史记忆，通过耕读教育的形式得以传承和弘扬，有助于增强学生对民族文化的认同感和自豪感。

耕读教育在促进教育公平方面也发挥了积极作用。耕读教育强调实践劳动与知识学习的有机结合，不受地域和经济条件的限制，为城乡学生提供了均等的学习机会。通过耕读教育，农村学生能够获得更多的实践经验和知识技能，提升他们的竞争力。这样有助于缩小城乡教育差距，实现教育资源的均衡配置。

总体而言，耕读教育在促进学生综合素质发展、继承和传播传统文化以及促进教育公平等方面均具有重要意义。当代社会应深入挖掘耕读教育的价值，结合现代教育理念和技术手段，创新耕读教育方式，为培养德智体美劳全面发展的社会主义建设者和接班人贡献力量。

二、耕读教育的历史演变

（一）古代耕读教育的形成与发展

古代耕读教育根植于深厚的农耕文化与儒家思想，历经千年演变，成为教育史上的独特现象。农耕文化的孕育为耕读教育奠定了基础，古人视耕作为立命之本，种植技能因此成为不可或缺的教育内容。随着时代的推进，这种以农为本的教育观念逐渐融入更广泛的知识体系，形成了独特的耕读文化。

儒家思想的融入则为耕读教育注入更为深厚的精神内涵。儒家强调诗书传世、礼乐治国，其教育理念与农耕文化中的勤劳、节俭、务实等内容相辅相成。在这种思想指导下，耕读教育不仅关注知识的传授，更重视品德的培养和人格的塑造，培养了一批批既懂农耕又通文墨的复合型人才。

私塾与书院的兴起则标志着耕读教育的制度化与规范化。这些教育机构遍布城乡，为不同阶层的子弟提供了接受教育的机会。私塾作为耕读教育的重要载体，以其灵活多样的教学形式和贴近生活的教学内容，深受民间欢迎。书院则更侧重高层次的教育与学术研究，为耕读教育的深化与拓展提供了有力支撑。在私塾与书院的共同推动下，耕读教育成为古代教育体系中不可或缺的重要组成部分，对后世产生了深远影响。

（二）近代耕读教育的变革与转型

在近代社会的历史进程中，耕读教育经历了显著的变革与转型，这一演变过程深受多方面因素的影响，如西方教育的引入、农业技术的革新以及教育体系的不断完善。

西方教育的引入为耕读教育注入了新的活力。近代以来国门渐开，西方先进的科学文化知识开始传入中国，其中自然包括教育领域的诸多理念与实践。在这一背景下，耕读教育逐渐吸纳了西方教育中的现代元素，如科学、数学等科目。这些新科目的引入，不仅丰富了耕读教育的内容体系，更使其由传统的农耕文化与儒家经典教育，向更为全面、多元的现代教育模式转变。这种转变在提升耕读教育整体质量的同时，为其进一步发展奠定了坚实的基础。

农业技术的革新对耕读教育产生了深远影响。随着科技的进步，农业生产技术日新月异，人们对新型耕作技术的应用日益广泛。这些变革直接反映在耕读教育的内容上，使得教育与实践的结合更加紧密。耕读教育不再仅仅局限于传统的农耕知识与技能传授，还开始着重培养能够适应现代农业发展需求的新型农民。这种教育模式的转变，不仅提升了农业生产的效率与效益，更为农村地区的可持续发展提供了有力的人才支撑。

教育体系的不断完善为耕读教育的转型提供了有利条件。近代以来，随着社会的不断发展，教育体系也在逐步完善。学校的建立与课程的设置更加科学、合理，这为耕读教育的转型提供了必要的资源保障。在这一背景下，耕读教育得以在更为宽广的视野下重新审视自身的定位与发展方向，进而实现由传统向现代的顺利过渡。这种转型的成功不仅彰显了耕读教育自身的生命力与适应性，更为其在新时代背景下的持续发展奠定了坚实的基础。

（三）现代耕读教育的传承与创新

在现代社会背景下，耕读教育作为传统与现代的结合点，不仅注重对传统文化的传承，更在农业科技与素质教育方面展现出新的生命力。

现代耕读教育注重对传统文化的传承。耕读教育通过教授学生诗词、书法、礼仪等经典文化内容，不仅让学生领略到中华文化的博大精深，更在潜移默化中培养了学生的文化自信。在这种教育模式下，学生不仅仅是传统文化的接受者，更是传承者和创新者。

与此同时，现代耕读教育注重与农业科技的深度融合。随着科技的飞速发展，现代科技手段日益成为推动农业发展的重要力量。耕读教育敏锐地捕捉到了这一时代趋势，将农业科技知识融入日常教学之中，使学生在学习传统文化的同时，能掌握现代农业科技知识，从而提高教育的实用性和针对性。

现代耕读教育在推广素质教育方面也取得了显著成效。它强调学生的全面发展，注重培养学生的创新能力和实践能力。通过课程设置和实践活动，耕读教育不仅让学生学到了知识，更让他们在实践中锻炼了能力、提升了素质。这样学生既拥有深厚的文化底蕴，又具备开拓创新的精神和实践能力，还能成为未来社会发展的宝贵人才。

总体而言，现代耕读教育在传承传统文化、融合农业科技和推广素质教育方面展现出独特的魅力和价值。可以预见，在未来的教育领域中，现代耕读教育将继续发挥其独特的作用，为培养更多优秀人才贡献力量。

三、耕读教育的现代价值

（一）耕读教育与乡村振兴战略存在契合点

在深入探讨耕读教育与乡村振兴战略之间的内在联系时，不难发现二者在多个层面存在显著的契合点。

耕读教育，这一融合了传统农耕文化与现代教育理念的教育方式，正成为推动乡村文化振兴的重要力量。通过开展耕读教育，不仅有助于弘扬乡村的优秀传统文化，更能够增强乡村居民的文化自信，进而提升乡村文化的软实力。这正是乡村振兴战略中所强调的文化自信的具体体现。

同时，耕读教育在促进乡村经济发展方面发挥着积极作用。通过传授现代农业技能和普及农业知识，耕读教育帮助乡村居民提高了农业生产能力，从而推动了乡村经济的持续发展。这种以教育为手段、促进经济发展的方式，不仅具有长远的社会效益，也为乡村经济的繁荣注入了新的活力。

耕读教育还强调对乡村居民素质的提升。通过引导乡村居民树立正确的价值观和人生观，耕读教育在提高乡村居民整体素质方面取得了显著成效。这种素质的提升不仅有助于乡村社会的和谐稳定，也为乡村的全面发展提供了有力的人才保障。

总体而言，耕读教育与乡村振兴战略在传承农耕文化、促进乡村经济发展和提升乡村居民素质等方面存在显著的契合点。这些契合点不仅揭示了耕读教育在推动乡村振兴中的重要作用，也为人们进一步探索和实践乡村振兴路径提供了新的视角和思路。

（二）耕读教育在青少年成长中的独特作用

耕读教育在青少年成长中扮演着独特的角色，其深远影响体现在多个层面。

在性情陶冶方面，耕读教育通过向青少年传授农耕知识，弘扬农耕精神，培养他们的吃苦耐劳品质。这种教育方式让青少年在亲身体验中感受到农耕的辛苦，从而深刻理解劳动的价值和意义，进一步陶冶他们的性情。

在文化传承方面，耕读教育承载着重要的使命。它引导青少年了解和认同农耕文化，使这一悠久的文化传统得以在年青一代中延续。通过耕读教育，青少年能够领悟到农耕文化所蕴含的深厚底蕴和智慧，进而增强对民族文化的自豪感和归属感。

在促进素质教育方面，耕读教育同样发挥着不可或缺的作用。它注重实践体验和素质提升，鼓励青少年积极参与农耕活动。在这一过程中，青少年的实践能力、创新精神和团队协作能力得到全面培养，有力地推动了素质教育的深入实施。

总体而言，耕读教育在青少年成长中具有独特且重要的作用。它不仅有助于陶冶青少年的性情、传承农耕文化，还能有效促进素质教育的开展。因此，应大力推广耕读教育，让更多的青少年从中受益。

（三）耕读教育对生态文明建设的贡献

耕读教育作为一种融合了传统农耕文化与现代教育理念的教育方式，近年来在推动生态文明建设方面发挥了积极作用。它通过弘扬生态理念、推广绿色生活方式以及促进可持续发展等多个层面，为社会的绿色转型贡献了力量。

在弘扬生态理念方面，耕读教育强调人与自然和谐共生。通过教育实践，如在江华瑶族自治县举办的夏令营活动中，特聘宣讲专家进行环保主题的公益宣讲，耕读教育能够引导人们更加尊重自然、保护自然。耕读教育不仅在课堂上传授生态知识，更通过亲身体验的方式，让人们深刻理解生态保护的重要性，从而推动生态文明建设的进程。

在推广绿色生活方式方面，耕读教育倡导一种环保、节能的生活态度。通过日常生活中的实践，如垃圾分类、节约用水、绿色出行等，耕读教育引导人们摒弃浪费资源、破坏环境的不良习惯，转而采用更加环保的生活方式。这种转变不仅有助于减少人类活动对生态环境的破坏，更能在全社会范围内形成一种绿色、健康的生活风尚。

在促进可持续发展方面，耕读教育注重生态农业与循环经济的推广。通过发展生态农业，耕读教育鼓励人们采用更加环保、高效的农业生产方式，这样既保护了生态环境，又提高了农业生产效益。同时，耕读教育还积极推广循环经济理念，倡导资源的再利用和废弃物的减量化处理，从而实现经济效益与生态效益的双赢。

总体而言，耕读教育在生态文明建设方面发挥了不可忽视的作用。

它通过弘扬生态理念、推广绿色生活方式以及促进可持续发展等多种途径，为推动社会的绿色转型贡献了重要力量。未来，随着耕读教育的深入推广和实践应用的不断拓展，它将在生态文明建设领域发挥更加显著的作用。

四、耕读教育的理论基础

（一）耕读教育的哲学基础

儒家哲学作为中国传统文化的重要组成部分，为耕读教育提供了坚实的思想支撑。儒家强调天人合一的观念，在人与自然、人与社会之间寻求和谐。这种和谐的理念在耕读教育中得到了体现，教育过程中不仅关注知识的传授，更注重品德的培养。儒家以人为本的思想促使教育者关注学生的个性发展及伦理道德的培养。通过耕读教育，儒家哲学中的道德观念和人文关怀得以潜移默化的传递。

道家哲学在耕读教育中也扮演着不可或缺的角色。道家倡导的无为而治、顺应自然的思想，与耕读教育中回归自然、顺应天性的教育理念不谋而合。道家哲学强调内心的平静和自由，这在耕读教育中得到了体现。通过让学生亲身体验农耕生活，感受自然的韵律，道家哲学帮助学生建立起与自然界的深厚联系，培养他们的自然意识。

在现代耕读教育中，儒家哲学与道家哲学并非孤立存在，而是相互融合，共同作用于教育实践。这种融合使得耕读教育不仅关注学生的知识积累，更致力促进学生的全面发展，培养他们的和谐共处能力，加深他们对自然界的理解。通过儒家与道家哲学思想的交融，耕读教育展现出一种全面、和谐、自然的教育理念，为学生的成长提供了丰富的精神滋养。

（二）耕读教育的心理学基础

在探讨耕读教育的理论基础时，不可忽视心理学的多维度贡献。认知心理学、社会认知理论和情感心理学共同为耕读教育的实践提供了坚实的支撑。

从认知心理学的视角出发，学生学习耕读文化、精神及实践的过程，本质上是一个信息处理与知识构建的过程。在这一过程中，学生思维的发展遵循着一定的认知规律，如信息的输入、存储、加工和输出。耕读教育通过结合理论与实践，特别是在实践活动中，如耕读文化展览和耕作实践，强化了学生对知识的理解和应用，这恰恰符合认知心理学对于知识获取和运用的基本观点。

社会认知理论则为耕读教育中的社会责任感培养提供了理论框架。在耕读教育的实践活动中，学生通过亲身体验和感悟，不仅培养了劳动意识和实践能力，更在潜移默化中理解了个人与社会的关系，逐步建立起对社会责任的认知。这种责任感的培养与学习革命先辈的英勇事迹相结合，可以进一步加深学生对社会责任感的理解。

情感心理学在耕读教育中的作用则体现在对学生情感的培养和引导上。情感与认知是相互影响、相互渗透的，情感心理学强调在教育过程中应重视学生的情感体验。在耕读教育中，通过组织各类实践活动，让学生在亲身体验中感受到劳动的艰辛与收获的喜悦，从而培养学生的积极情感和态度。

总体而言，耕读教育在心理学的多个领域找到了坚实的理论基础，这些理论不仅解释了开展耕读教育的必要性，也为进一步的教育实践提供了科学的指导。通过深入理解和应用这些心理学原理，我们可以更好地设计和实施耕读教育活动，从而促进学生的全面发展。

（三）耕读教育的社会学基础

耕读教育作为一种传统的教育方式，其深厚的社会学基础体现在多个维度。从生态学视角出发，耕读教育深刻体现了人与环境之间的和谐共生关系。在这种教育模式下，教育者不仅传授知识，更注重引导学生去感知、理解和尊重自然环境，从而在实践中有效利用环境资源，实现个人的全面发展。例如，在一些地区，学校利用当地的自然资源优势开展生态文明教育，使学生能够在亲身体验中领悟生态保护的重要性，这正是生态学视角在耕读教育中的具体应用。

社会化理论则为耕读教育提供了另一种解读视角。在耕读教育的实践中，学生通过参与农耕活动，不仅锻炼了身体，更在无形中接受了社会文化的熏陶。这种教育方式有助于学生理解社会规范，培养团队合作精神，从而更好地适应社会。耕读教育中的家风教育环节，如通过宣讲家风家训故事，引导学生形成良好的道德观念和行为习惯，也是社会化理论在耕读教育中的生动体现。

义化学视角则进一步揭示了耕读教育在文化传承方面的重要作用。耕读教育不仅涉及知识技能的传授，更涉及文化的传承和创新。在耕读教育中，学生不仅能学习到传统文化知识，更能在实践中体验和理解文化的深层含义，从而增强对文化的自信心和认同感。这种教育方式对于保护和传承中华优秀传统文化具有重要意义。

总体而言，耕读教育在生态学视角、社会化理论和文化学视角的共同支撑下展现出其深厚的社会学基础。这不仅为耕读教育的实践提供了理论支撑，也为现代教育改革提供了有益的启示。

第二章　智慧农业核心技术及其在教育中的应用

第一节　物联网、大数据、人工智能等技术在农业中的应用

一、物联网技术在农业领域的应用

（一）物联网技术的概念

物联网技术作为当今信息技术的重要组成部分，正日益显现出其巨大的潜力和价值。该技术通过信息传感设备将物体与网络相连，实现了智能化识别、定位、跟踪、监控和管理，为各行业带来了前所未有的便利和效率。

具体来看，物联网技术的智能化特点使物体能够主动收集和传输数据，从而实现实时监测和远程控制。这种智能化功能大大提高了生产效率和质量，也为精细化管理提供了可能。例如，在农业领域，物联网技术可以实时监测土壤湿度、温度等环境参数，帮助农民科学种植，从而

提高农作物产量和质量。

物联网技术还具有精细化和系统化的特点。通过精细化的管理，企业可以更加准确地掌握生产过程中的各个环节，及时发现并解决问题。系统化的应用则使物联网技术能够与其他信息技术相结合，形成更加完善的信息系统，为企业的决策提供更加全面和准确的数据支持。

物联网技术的应用领域也非常广泛，不仅限于农业，还广泛应用于物流、交通、医疗等多个领域。在物流领域，物联网技术可以实现货物的实时跟踪和监控，提高物流效率和安全性；在交通领域，物联网技术可以帮助交通管理部门实时监测交通状况，及时疏导交通拥堵路段；在医疗领域，物联网技术可以实现医疗设备的远程监控和管理，提高医疗服务的效率和质量。

随着技术的不断进步和应用场景的不断拓展，物联网技术将在未来发挥更加重要的作用。此外，物联网用户数在近年来呈现出积极的增长态势，这也在一定程度上体现了物联网技术的快速发展和广泛应用前景。

（二）农业物联网的系统架构与关键技术

农业物联网作为现代农业发展的重要支撑，其系统架构与关键技术的深入应用正推动着农业生产方式的变革。下面对农业物联网的系统架构及关键技术进行详细阐述。

农业物联网的系统架构主要由感知层、传输层、处理层和应用层四个部分组成。感知层作为整个系统的前端，通过各类传感器实时采集农田环境中的温度、湿度、光照、土壤养分等关键数据，为后续的决策分析提供原始信息。传输层则负责将这些数据高效、稳定地传输至处理层，确保数据的时效性和准确性。处理层是系统的"大脑"，它对接收到的数据进行存储、整合和深度分析，挖掘数据背后的价值，为农业生产提供科学指导。应用层根据实际需求，开发出各种智能化应用，如智能灌溉、精准施肥、病虫害预警等系统，直接服务于农业生产。

在关键技术方面，传感器技术扮演着至关重要的角色。农业物联网所使用的传感器必须具有高精度、高稳定性、低功耗等特点，这样才能够适应复杂的农田环境。数据传输技术则要求具备高可靠性、低时延的特性，确保数据在传输过程中不会丢失或失真。数据分析技术是农业物联网实现智能化的关键。通过对海量数据的分析，可以发现农业生产中的规律和问题，进而提出优化建议和改进措施。

农业物联网的系统架构与关键技术共同构成了其强大的功能体系，为农业生产提供了前所未有的便利和支持。随着技术的不断进步和应用场景的不断拓展，农业物联网将在未来农业发展中发挥更加重要的作用。

（三）物联网技术在农产品流通环节的应用价值

在农产品流通领域，物联网技术正日益显现出其独特的价值。通过集成先进的感知、识别技术与数据传输、处理功能，物联网技术不仅为农产品流通提供了强大的技术支持，还在多个方面展现出显著的应用效果。

在追溯与监管方面，物联网技术通过实时记录农产品的生产、加工、运输和销售信息，建立起一个全面的信息追溯系统。这一系统使得农产品的来源可查、去向可追，有效保障了农产品的质量安全。同时，监管部门可以依托物联网技术，实施对农产品流通环节的实时监控，及时发现并处理潜在的安全隐患，从而维护消费者的合法权益。

在智能化管理方面，物联网技术为农产品流通带来了前所未有的便利。通过智能化的库存控制系统，企业可以实时掌握农产品的库存情况，避免因信息滞后而导致的库存积压或短缺问题。物联网技术还能优化物流配送路线，提高配送效率，降低物流成本。此外，通过对销售数据的分析，企业可以更加精准地把握市场需求，制定更为合理的销售策略。

在降低成本方面，物联网技术通过优化农产品流通环节，实现了资源的合理配置和高效利用。例如，通过精确的数据采集和分析，企业可以更加准确地预测农产品的产量和需求，从而制订更为科学的采购计划，避免浪费。物联网技术还可以帮助企业实现供应链的透明化管理，减少中间环节的信息不对称和利益损耗，进而降低整个流通环节的成本。这对于提高农民收入、促进农村经济发展具有十分重要的意义。

总体而言，物联网技术在农产品流通环节的应用价值主要体现在追溯与监管、智能化管理以及降低成本等方面。随着技术的不断进步和应用范围的不断扩大，物联网将在农产品流通领域发挥更为重要的作用。

二、大数据技术在农业领域的应用

（一）大数据技术的概念

在当今信息化社会，大数据技术正逐渐成为推动各行业发展的核心力量。在农业领域，大数据技术的应用同样展现出广阔的前景和潜力。通过深入理解和应用大数据技术，农业生产正逐步实现智能化、精准化和高效化。

大数据技术能够通过各种传感器、监控设备等物联网技术，实时采集农业生产中的各种数据。例如，土壤温度传感器可以实时监测土壤温度，为作物生长提供最佳的环境条件；气象信息采集设备则能够收集天气数据，帮助农民提前做好应对自然灾害的准备。这些数据不仅种类繁多，而且数量巨大，为后续的数据分析提供了丰富的素材。

数据的存储是大数据技术的另一重要环节。随着农业生产数据的不断累积，如何高效、安全地存储这些数据成为关键。大数据技术提供了分布式存储解决方案，能够将海量数据分散存储在多个节点上，以确保数据的安全性和可扩展性。这种存储方式不仅提高了数据的可用性，还为后续的数据处理和分析提供了便利。

数据处理是大数据技术中的核心环节。采集到的原始数据往往包含大量的冗余信息，需要通过清洗、整合等步骤转化为有价值的信息。大数据技术运用先进的数据处理算法和工具，能够高效地处理这些数据，提取出对农业生产具有指导意义的信息。例如，通过对作物生长数据的分析，可以找出影响作物产量的关键因素，从而为农民提供有针对性的改进建议。

基于大数据技术，人们可以对农业生产过程中的各种数据进行深度挖掘和模式识别。这有助于发现隐藏在数据背后的规律和趋势，为农业生产提供更为精准的决策支持。例如，通过对历史气象数据和作物产量数据的关联分析，可以预测未来一段时间内的气象条件对作物产量的影响，从而指导农民合理调整种植计划。

大数据技术在农业生产中的应用具有深远的意义。它不仅提高了农业生产的智能化水平，还为农业可持续发展注入了新的活力。随着技术的不断进步和应用场景的拓展，大数据技术将在未来的农业生产中发挥更加重要的作用。

（二）农业大数据的来源与类型

在现代农业发展中，大数据技术的应用日益广泛，为农业生产与管理带来了革命性的变化。农业大数据的来源广泛，涵盖了农业生产、市场、政策等多个层面。其中，农业生产过程中产生的数据是最为重要的，其主要包括土壤湿度、温度、光照等环境参数，以及作物生长情况、病虫害发生状况等。这些数据主要通过布设在农田中的各种传感器进行实时采集，为精准农业的实施提供了数据支撑。

农产品市场数据也是农业大数据的重要组成部分。市场价格、供需关系、消费者偏好等信息，对于指导农业生产、调整种植结构具有重要意义。这类数据通常通过市场调研、电子商务平台等途径获取，能够帮助农业生产者更好地把握市场动态，作出科学决策。

农业政策文件则是农业大数据的另一重要来源。政策文件中包含政府对农业发展的规划、扶持措施、法规标准等信息，对于农业企业和个人而言，是把握政策导向、规避风险的重要依据。

农业大数据的类型同样丰富多样，包括数值型数据（温度、湿度等具体数值）、文本数据（市场调研报告、政策文件等）及图像数据（卫星遥感图像、无人机航拍图像等）。数据类型的多样性为农业大数据分析提供了更为全面的视角和更丰富的信息。

跨源性融合技术在农业大数据处理中发挥着关键作用。由于数据来源和类型的多样性，如何将这些数据进行有效整合，提取出有价值的信息，是农业大数据分析面临的重要挑战。跨源性融合技术能够将不同来源、不同类型的数据进行统一处理和分析，从而提高数据的综合利用效率，为农业生产与管理提供更加科学、精准的决策支持。

（三）大数据技术在农业生产决策支持中的应用实践

在农业生产领域，大数据技术的深入应用正在引发一场决策支持的革命。通过智能灌溉、精准施肥以及病虫害预警等创新手段，农业生产逐步迈向智能化、精细化管理的新阶段。

在智能灌溉方面，利用大数据技术对土壤水分、作物需水状况以及天气预报等多维度数据进行综合分析，可以精确计算出灌溉的最佳时间和水量。例如，在某些蓝莓种植基地，已经成功引入了水肥一体化智能灌溉系统。这种系统不仅能够根据蓝莓生长的需要和当地气候条件来智能调整灌溉计划，还能有效提高水资源利用效率，降低因过度灌溉而造成的水资源浪费和土壤盐碱化风险。

精准施肥是大数据技术在农业生产中的又一重要应用。传统的施肥方法往往依赖农民的经验和直觉，容易造成肥料的浪费和环境污染。而通过大数据平台，可以实时收集并分析作物生长数据、土壤养分含量以及环境因素等信息，为农民提供个性化的施肥建议。在江苏省的某些地区，农民已经能够利用智能施肥系统将化肥使用量减少到过去的一半，同时保持甚至提高作物的产量。这不仅提高了农民的经济效益，也为环境保护作出了积极贡献。

病虫害预警则是大数据技术在保障农业生产安全方面的突出体现。通过在田间部署传感器和图像采集设备，可以实时监测作物的生长状态并捕捉病虫害发生的早期迹象。这些数据经过大数据平台处理和分析后，能够生成及时的预警信息，指导农民采取有针对性的防治措施。开阳县的水稻种植基地就在使用这样的病虫害预警系统。通过实时监测和数据分析，农民能够在病虫害发生初期就采取有效措施进行防控，从而避免大面积的作物损失。

总体而言，大数据技术在农业生产决策支持中的应用日益广泛和深入。通过智能灌溉、精准施肥和病虫害预警等手段，农业生产不仅实现了资源的高效利用和环境的保护，还为农民带来了实实在在的经济效益。未来，随着技术的不断进步和数据的日益丰富，大数据技术在农业生产中的应用将更加广泛和深入。

（四）大数据技术在农产品市场分析中的应用前景

在农产品市场分析领域，大数据技术的应用日益显现其深远影响。通过精细化地处理和分析海量数据，大数据技术为市场参与者提供了前所未有的洞察力和决策支持。

在市场需求预测方面，大数据技术发挥着越来越重要的作用。传统的农产品销售模式往往依赖于经验判断和局部市场调研，而大数据技术的引入，使这一过程变得更为科学和精准。通过分析历史销售数据、消费者购买行为以及市场动态，大数据模型能够预测出未来一段时间内的市场需求趋势。这种预测能力不仅有助于指导农产品生产，还可以帮助农民和供应链企业优化资源配置，减少市场波动带来的风险。

价格波动分析是大数据技术在农产品市场分析中的另一重要应用。农产品价格的波动受多种因素影响，如气候、产量、市场需求等。通过大数据技术，可以实时监测这些因素的变化，并构建复杂的价格预测模型。这些模型能够为农民和商家提供及时的决策支持，如在价格高点时加大销售力度，或在价格低点时增加库存等。

农产品溯源系统的建立也离不开大数据技术的支持。随着消费者对食品安全问题的关注度不断提高，农产品溯源成为确保质量安全的重要手段。大数据技术可以记录农产品的生产、加工、流通和销售等各个环节的信息，形成一个完整的溯源链条。这不仅有助于在出现问题时迅速找到原因，还能增强消费者对农产品的信任度，促进市场健康发展。

总体而言，大数据技术在农产品市场分析中的应用逐步深化，为农业的持续发展注入了新的动力。随着技术的不断进步和数据的日益丰富，大数据技术将在未来农产品市场中扮演更为关键的角色。

三、人工智能技术在农业领域的应用

（一）人工智能技术的概念

人工智能技术作为模拟人类智能行为的先进技术手段，通过运用复杂的计算机算法和模型，实现了对人类智能的模拟与复制。这一技术涵盖诸如语音识别、图像识别、自然语言处理等多个领域，其基础原理在于对海量数据的深度分析和模式识别。随着技术的不断进步，人工智能技术在各个行业展现出巨大的应用潜力。

在探讨人工智能技术的发展历程时，不难发现，这一领域经历了从初步的专家系统到当前深度学习技术的显著转变。早期的专家系统主要依赖于预设的规则和逻辑来进行决策，现代的深度学习技术则能够通过训练大量的数据来自主识别和预测模式。这种转变不仅提升了专家系统的性能，也极大地拓展了其应用场景。特别是在农业领域，人工智能技术逐渐展现出其独特的优势。

例如，在农业现代化建设中，人工智能技术发挥着越来越重要的作用。通过结合物联网、大数据等技术，人工智能能够帮助农民实现更精准的种植管理，提高农作物的产量和质量。尽管在获取高质量数据方面仍存在挑战，但随着技术的不断进步和数据资源的日益丰富，相信人工智能技术在农业领域的应用将会更加广泛和深入。

（二）人工智能技术在农业病虫害识别与防治中的应用效果

在农业领域，人工智能技术的引入为病虫害的识别与防治带来了革命性的变革。通过图像识别和模式识别等先进技术，人工智能系统能够精确识别农作物中的病虫害，为农民提供及时的防治建议，从而有效控制病虫害的扩散，保障农作物健康生长。

在病虫害识别方面，人工智能系统通过深度学习算法对大量的病虫害图像进行训练和学习，形成了强大的识别能力。人工智能系统能够发现农作物叶片、果实等部位的异常变化，准确判断病虫害的种类和程度。这种智能识别技术不仅提高了识别的准确率，还大大缩短了识别周期，为农民赢得了宝贵的防治时间。

在病虫害防治方面，人工智能系统通过对病虫害发生规律、环境因素等数据的深入分析，能够预测病虫害的发展趋势，从而为农民提供科学的防治方案。人工智能系统可以根据病虫害的种类和危害程度智能推荐合适的农药和防治方法，从而避免盲目用药和过度防治的问题。同时，通过实时监测和数据分析，人工智能系统可以及时调整防治策略，确保防治效果最大化。

人工智能技术在病虫害防治中的应用不仅提高了防治效果，还降低了农药使用量，减少了环境污染。通过精准的识别和科学的防治，农民可以在保证农作物产量的同时，实现农业生产的可持续发展。

总体而言，人工智能技术在农业病虫害识别与防治中展现出巨大的应用潜力和广阔的发展前景。随着技术的不断进步和应用的深入推广，相信人工智能技术将为农业生产带来更多的创新和突破，为农民创造更加美好的明天。

（三）人工智能技术在农业资源优化配置中的潜力挖掘

在农业领域，资源的优化配置是提升生产效率和保障可持续发展的重要环节。近年来，随着人工智能技术的不断进步，其在农业资源优化配置中的潜力日益显现，为农业生产带来了新的革命性变革。

人工智能技术通过数据分析和技术优化能够实现对农业资源的精准配置。例如，在土地资源方面，通过卫星遥感、无人机等技术收集土地数据，结合人工智能算法进行分析，可以准确评估土地质量、适宜作物类型及种植密度，从而制订更科学的种植计划；在水资源方面，人工智能技术能够根据气象数据、土壤湿度等信息预测作物需水量，实现精准灌溉，这样既节约了水资源，又满足了作物生长需求。

种子作为农业生产的起点，其质量直接关系到作物的产量和品质。人工智能技术可以通过对种子进行图像识别、基因检测等手段筛选出优良品种，提高种子的纯度和发芽率。同时，结合大数据技术，还可以预测不同品种在不同环境条件下的表现，为种植者提供更加个性化的种子选择建议。

人工智能技术在农业领域的潜力远不止于此。未来，随着技术的不断发展和数据资源的日益丰富，人工智能技术将在更深层次上对农业生产进行优化。例如，通过深度学习和模式识别技术，人工智能可以实现对作物病虫害的早期预警和精准防治，降低农药使用量，提高农产品安全性；人工智能还可以应用于农业机械的自动驾驶和智能化作业，进一步提高农业生产效率。

总体而言，人工智能技术在农业资源优化配置中展现出巨大的潜力。通过精准配置土地、水源和种子等资源，以及未来在更深层次上的应用拓展，人工智能技术有望为农业生产带来更加高效、环保和可持续的解决方案。

第二节 自动化设备的实践教学

一、自动化设备

现实生活中有许多自动化设备，接下来主要阐述无人机。

无人机的飞行原理是其能够在空中自由翱翔的基础。利用旋翼或固定翼产生的升力，无人机得以克服地心引力，轻盈地飞上天空。在这一过程中，旋翼或固定翼的设计和优化至关重要，它们不仅需要提供足够的升力，还要确保飞行的稳定性和效率。通过精确的控制系统，无人机能够做出各种复杂的飞行动作，如悬停、前进、后退、左转、右转等，从而满足不同的应用需求。

导航与控制系统是无人机实现精准定位和飞行路径规划的关键。借助先进的导航系统，如 GPS、GLONASS 等全球卫星定位系统，无人机能够实时获取自身的位置信息，并与预设的飞行路径进行比对。控制系统则负责根据导航信息实时调整无人机的飞行姿态和速度，确保其按照预定的路径和速度飞行。这一系统的精确性和可靠性直接关系到无人机的飞行安全和任务执行效率。

传感器与摄像头作为无人机感知外部环境的重要工具，在无人机的技术体系中占据着举足轻重的地位。通过搭载多种传感器，如高度计、陀螺仪、加速度计等，无人机能够实时感知自身的飞行状态和外部环境的变化，如风速、风向、气压等。摄像头则负责捕捉无人机飞行过程中的图像和视频信息，为后续的数据分析和处理提供丰富的素材。这些传感器和摄像头的性能和质量直接影响到无人机的感知能力和信息获取效率。

自动化设备在农科实践中的应用日益广泛，其精准、高效的作业特点为农业生产带来了革命性的变革。未来，随着科技的不断进步和政策的持续推动，自动化设备将在农业领域发挥更加重要的作用，为实现农业的可持续发展做出更大贡献。

二、自动化设备在新农科实践教学中的融合应用

（一）自动化设备引入的必要性

在现代农业教育中，自动化设备的引入显得愈发重要。这些设备不仅能够显著提升教学效率，还能拓展实践内容，并有效培养学生的创新能力。

自动化设备的引入，能够极大地提高农业生产的效率。传统的农业生产方式依赖大量人工操作，不仅效率低下，而且成本高昂。然而，通过引入无人机进行精准喷药、施肥，可以显著减少人工投入，提高生产效率。例如，在华南农业大学的水稻生产无人化研究中，无人收割机能够精准行驶在无人插秧机形成的行列间隙内，实现"种收同轨"，还将误差控制在极小范围内。这不仅展示了高科技在农业生产中的巨大潜力，也为农业教育提供了生动的教学案例。

自动化设备的引入，还能够有效拓展农业教育的实践内容。随着物联网、大数据、人工智能等技术在农业领域的深入应用，现代农业正朝着智慧农业的方向发展。通过让学生接触这些先进的农业技术，可以使他们更好地了解现代农业的发展趋势，增强实践课程的针对性和实用性。这种与时俱进的教学方式不仅能够激发学生的学习兴趣，还能够为他们将来投身现代农业领域打下坚实的基础。

更为重要的是，通过操作自动化设备，可以培养学生的创新能力和团队协作精神。在实际操作过程中，学生需要充分发挥自己的想象力和创造力，探索设备的更多应用场景和可能性。同时，他们还需要与团队

成员紧密合作，共同解决操作过程中遇到的问题。这种教学方式不仅能够锻炼学生的实践能力，还能够培养他们的创新意识和团队协作精神，对于他们未来的职业发展具有重要意义。

（二）应用效果评估

在农业科技的快速进步下，自动化设备已成为新农科实践教学的重要工具。这些高科技设备的引入，不仅显著提升了实践教学的质量，也极大地增强了学生的学习兴趣和实践能力。

实践教学质量显著提高：自动化设备的应用，使得新农科实践教学更加直观、生动。例如，在绵阳市三台县建平镇的油菜种植实践中，新型气送式油菜精量联合播种机能够一次性完成多项工序，这种现代化的耕种方式让学生目睹了科技如何改变传统农业；在养殖业的实践教学中，巡检机器人的应用让学生深刻体会到科技对农业生产的巨大推动作用。这些实践教学活动使学生更加深入地理解了农业知识，还提高了实践教学质量。

学生兴趣与实践能力得到增强：通过亲身参与自动化设备的操作，学生对农科实践活动的兴趣明显增强。他们积极投身于各种实践项目中，如柑橘病害一键化识别、蜜蜂科普宣传等，这些活动不仅丰富了学生的实践经验，也激发了他们探索农业科技的热情。学生在实践中找到了自己的兴趣点，从而更加明确了自己的学习目标和职业方向。在四川农业大学的"青年实干家计划"中，学生通过实岗锻炼，亲身体验了现代农业的生产流程和管理模式。他们在操作中掌握了实际技能，如无人机飞行技术、自动化设备调试等，这些技能对于他们未来从事农业生产工作具有重要意义。同时，实践活动锻炼了学生的团队协作能力和解决问题的能力，为他们的全面发展奠定了坚实的基础。

三、基于自动化设备的实践教学课程设计

（一）课程设计原则与教学目标

在课程设计过程中，要坚持将理论知识与实际生活紧密结合的原则。教师可以在教学中引入真实的农科实践案例，如安徽省东至县利用无人机进行"一喷多促"飞防作业，不仅节省了成本，还有效防控了病虫害，促进了农作物单产的提升。这种将先进技术应用于实际生产场景的案例，使学生能够更加直观地理解自动化设备在现代农业中的重要作用。

同时，要倡导知识与能力并重。因此，在传授自动化设备相关知识的基础上，要注重培养学生的实际操作能力和创新实践能力。通过实验、实训等教学环节，学生不仅能够亲手操作自动化设备，还能够在实际操作中发现问题、分析问题，并尝试解决问题，从而培养其独立思考和解决问题的能力。

明确的教学目标是课程设计的核心。本课程旨在通过系统的教学，使学生能够全面掌握自动化设备的基本原理、操作技巧，以及在实际农科中的应用方法。通过学习，学生能够熟练运用所学知识，提高农业生产效率和质量，为现代农业的发展贡献自己的力量。希望通过本课程的学习，学生能够成为具备专业知识与实践能力的高素质农业科技人才。

（二）课程内容规划与教学方法

在课程内容规划方面，一个完善的农科自动化设备培训课程应涵盖基本原理、操作技巧以及农科应用案例等多个层面。基本原理的讲解有助于学生建立扎实的理论基础，为后续的实践操作提供支撑。操作技巧的培训是提高学生动手能力、确保安全操作的关键环节。而农科应用案例的引入，能够使学生更好地理解自动化设备在农业生产中的实际应用，增强学习的针对性和实用性。课程内容应根据农科实践的需要进行灵活调整，以适应行业发展的动态变化。

在实践教学比重方面，鉴于农科自动化设备的强实践性特点，课程中应大幅增加实践教学的比重。通过实地操作、模拟训练等方式，学生可以亲身感受设备的操作流程，深化对理论知识的理解，并在实践中不断磨炼技能。这种以实践为导向的教学方式不仅能够提升学生的实际操作能力，还有助于培养学生的问题解决能力和创新思维。

为了激发学生的学习兴趣和积极性，提高教学效果，教学方法的创新显得尤为重要。情境教学法能够模拟真实的操作环境，让学生在模拟的情境中学习和实践，增强学习的代入感和实用性。案例教学法则通过引入真实的行业案例，引导学生进行分析和讨论，培养学生分析问题和解决问题的能力。翻转课堂则能够充分发挥学生的主观能动性，促进学生的自主学习和协作学习，实现教学相长。通过这些创新的教学方法，可以有效提高农科自动化设备培训课程的教学质量，为行业培养出更多高素质的专业人才。

（三）教学计划与评价体系构建

在课程实施过程中，教学计划是确保教育目标达成的关键。教学计划应详细规划每个阶段的教学目标、教学内容以及相应的教学方法，以形成清晰的教学脉络。教学进度的合理安排，能够保障知识点的有序传授，同时为学生留出足够的吸收与反思时间。实践环节也不可忽视，它是理论知识与现实应用相结合的桥梁，有助于学生深化对知识的理解和技能的掌握。

构建多元化的评价体系，是全面评估学生学业成果的重要保障。传统的单一评价方式往往无法全面反映学生的真实水平，因此，需要结合多种评价手段，如平时成绩、期中与期末考试、实践报告等，来综合评定学生的学习成效。这种多元化的评价方式不仅能够更准确地反映学生的知识掌握情况，还能有效激发学生的学习动力，促进其全面发展。

在教学过程中，教师还应根据评价结果及时调整教学策略，以实现教学的动态优化。通过对学生学习情况的实时反馈，教师可以有针对性地改进课程设计，提升教学质量。这种反馈与改进机制有助于形成教学相长的良好氛围，推动教育教学持续进步。

第三节　智慧农业技术在新农科教学中的融合与应用

一、智慧农业技术在新农科教学中的融合

（一）课程体系改革与创新

在智慧农业日益成为现代农业发展核心驱动力的背景下，农科课程体系的改革与创新显得尤为重要。为了紧密跟随科技发展的步伐并满足行业对人才的需求，必须对现有课程体系进行全面的整合与优化。这一改革的核心在于将智慧农业技术的最新成果和发展趋势融入教学内容中。具体而言，应该对农业大数据、农业物联网、农业人工智能等新兴技术领域进行深入研究，将这些前沿知识系统地引入课堂教学，确保学生能够掌握最新的知识和技能。同时，课程的设计需要注重实用性和操作性，以便学生在未来能够迅速适应工作岗位，成为行业所需的高素质人才。

除了理论知识的传授，实践教学同样不可忽视。开设与智慧农业技术紧密相关的实践课程，是提升学生实操能力和技术应用水平的关键。通过实际操作，学生可以更加深入地理解理论知识，并在实际操作中不断磨炼技能，从而达到学以致用的目的。

农科课程体系的改革与创新是一项长期而复杂的任务。它不仅要求教师关注行业发展的最新动态，还要求教师不断更新教育理念，完善教学方法，以确保培养出的人才能够真正满足智慧农业发展的需要。通过整合优化课程内容、引入智慧农业技术课程以及开设实践课程等一系列

举措，为社会培养出更多具备创新精神和实践能力的优秀农业人才。

（二）教学方法与手段更新

在教学方法与手段更新上，近年来，线上线下相结合的教学方式逐渐兴起并显示出其独特的优势。针对智慧农业领域的教学，线上线下相结合的教学方式的运用尤为关键。通过线上平台，学生可以系统地学习智慧农业的理论知识，从而掌握智慧农业的基本概念、技术原理以及发展趋势。线上学习的灵活性使得学生可以根据自己的时间和节奏进行学习，大大提高了学习效率。线下实践教学则为学生提供了将理论知识转化为实际操作的机会。例如，在绵阳市三台县建平镇的现代化农业实践中，学生可以亲身体验新型气送式油菜精量联合播种机的操作，了解现代农业机械的实际应用。这种与真实农业生产的结合，不仅让学生更直观地理解智慧农业技术如何提升劳动生产率，还培养了他们的实践能力和问题解决能力。

案例教学是另一种有效的教学方法。通过引入具体案例，如托普云农将现代信息技术与农业专业深度融合，学生可以深入了解智慧农业在现实中的应用及其带来的变革。案例教学能够帮助学生将抽象的理论知识与实际情境相结合，从而更好地理解和把握智慧农业的实质。

现代信息技术的运用也为教学提供了更多可能性。借助虚拟现实（VR）和增强现实（AR）技术，教师可以模拟出智慧农业技术应用的各种场景，让学生在虚拟环境中进行实际操作。这种方式不仅提高了教学的趣味性和互动性，还能让学生在安全的环境中体验各种复杂或危险的农业操作，从而更全面地掌握智慧农业技术。

通过线上线下相结合、案例教学与实践教学相结合以及利用现代信息技术手段的教学方式，教师可以更有效地培养学生对智慧农业的理解和应用能力，从而为现代农业的发展输送更多合格的人才。

（三）师资队伍建设与培训

在智慧农业迅猛发展的背景下，师资队伍建设与培训显得尤为重要。为确保农科专业教育与时代需求紧密相连，应从定期开展教师培训、引进优秀人才以及与企业建立合作关系三方面着手，全面提升师资队伍的整体素质和教学水平。

针对现有教师队伍，应定期开展智慧农业技术的专业培训。培训内容需涵盖物联网、人工智能、大数据等前沿技术在农业领域的应用，以及智慧农业发展趋势和市场需求分析。通过培训，不仅使教师掌握最新的农业科技知识，还能提升其将理论知识转化为实际操作的能力。同时，建立完善的考核机制，对教师的学习成果进行定期评估，确保培训效果到位。

在引进优秀人才方面，需积极拓宽招聘渠道，吸引更多具备智慧农业技术专长的人才加入农科专业师资队伍。这些人才不仅能为教学注入新的活力，还能带动整个教师队伍的技术更新和观念转变。通过引进高层次人才和优秀团队，进一步壮大农科专业的师资力量，为培养更多高素质农业人才奠定坚实的基础。

与企业建立紧密的合作关系也是提升师资队伍水平的重要途径。通过搭建合作平台，可以实现教学资源的共享和优势互补，共同推动农科专业的发展。高校与企业之间的合作还能为教师提供更多接触实际生产环境的机会，使其更加了解行业需求和市场动态，从而更有针对性地进行教学和研究工作。

通过定期开展教师培训、引进优秀人才以及与企业建立合作关系等举措，可以有效提升农科专业师资队伍的整体素质和教学水平。这将为培养更多适应智慧农业发展需求的高素质人才提供有力保障，进一步推动农业农村现代化进程。

二、智慧农业技术在新农科教学中的应用

（一）效果评估及持续改进方案设计

1.效果评估指标体系构建

在智慧农业技术的推广与应用过程中，构建一套全面而科学的效果评估指标体系至关重要。该体系应涵盖学生学习成果、教学效果以及实际应用效果等多个维度，以确保技术教育的有效性和农业生产的实质性提升。

在学生学习成果方面，教师应评估学生对智慧农业技术的掌握程度和其实际应用能力。这包括学生对相关理论知识的深入理解，如现代信息技术在农业中的应用原理、智能农业系统的操作流程等。同时，教师需考查学生的实践技能，如运用智能设备进行农田监测和数据分析。创新能力也是评估学生学习成果的重要方面，它体现在学生是否能够提出新颖的智慧农业解决方案，以及对现有技术进行优化和改进的能力。

在教学效果方面，教师应关注智慧农业技术在新农科教学中的实际成效。这涉及学生的学习兴趣是否被有效激发，他们对教学内容的满意度如何，以及师生在教学过程中的互动质量。学生能够积极参与课堂讨论，主动探索智慧农业技术的前沿动态，并与教师形成良好的教学反馈机制，是教学效果良好的表现。

在实际应用效果方面，教师应重点分析智慧农业技术在农业生产实践中的具体成效。这包括技术运用是否提高了农业生产效率，如通过精准施肥、智能灌溉等手段，减少资源浪费，提升作物产量。同时，教师需评估技术应用对农产品质量的影响，如通过实时监测和调控生长环境，优化作物生长条件，从而提高农产品的品质和市场竞争力。

综上所述，构建一套完善的效果评估指标体系，对于推动智慧农业技术的教育普及和农业生产方式的转型升级具有重要意义。

2.数据收集、整理和分析方法论述

在智慧农业技术的研究与应用过程中，数据的收集、整理与分析是不可或缺的重要环节。

在数据收集方面，可采用多元化的数据收集方法，以确保所获取信息的全面性和准确性。具体而言，通过问卷调查的方式，广泛收集农业从业人员、技术专家以及相关政策制定者的意见与建议；通过实地访谈，深入了解智慧农业技术在具体应用场景中的实际效果与挑战。

在数据整理方面，遵循科学严谨的原则，对收集到的原始数据进行细致的清洗与整理。通过剔除无效数据、校正异常值，并进行数据格式的标准化处理，最终形成结构清晰、质量可靠的数据集，为后续的数据分析工作奠定坚实的基础。

在数据分析方面，运用多种统计分析技术，以揭示智慧农业技术的综合效果。其中，描述性统计方法被用于概括数据的总体特征，如均值、标准差等，从而对数据分布情况有了初步了解；因果关系分析则通过构建数学模型，深入探究了智慧农业技术应用与农业生产效益之间的内在联系，为评估技术效果提供了有力支持。

3.持续改进路径和策略探讨

在智慧农业的发展进程中，持续改进不仅是技术迭代的内在要求，也是适应市场需求、提升产业竞争力的关键所在。本部分将从优化教学内容、创新教学方法以及加强校企合作三个方面深入探讨智慧农业发展的持续改进路径与策略。

在优化教学内容方面，随着智慧农业技术不断更新换代，教学内容也需与时俱进，紧密贴合行业发展的最新动态。针对当前关于智慧农业技术的教学内容，应根据实际应用效果、市场需求反馈以及技术发展趋势，进行全面而系统的优化。具体而言，应增加关于光谱成像技术、图像识别、深度学习等农业 AI 算法的教学内容，同时，结合植物表型自动化采集与智能化分析平台的实际案例，提升教学内容的实战性和前瞻性。

在创新教学方法方面，传统的教学方法已难以完全满足智慧农业技术教学的需求。因此，探索线上线下相结合的新型教学方法势在必行。线上教学可充分利用网络资源的便捷性，提供丰富的理论教学材料，方便学生随时随地学习；线下教学则应注重实践操作能力的培养，通过实地考察、模拟演练等方式，增强学生的实际操作能力。教学方法的创新还应体现在评价体系的改革上，通过引入多元化的评价指标，全面客观地评估学生的学习成效。

在加强校企合作方面，通过加强与农业企业的深度合作，教学机构可以获得更为真实、丰富的教学案例和实践机会，企业则能借助教学机构的专业力量，解决生产过程中的实际问题，推动技术创新和产业升级。在校企合作过程中，应建立健全合作机制，明确双方的权利和义务，确保合作的长久性和稳定性。同时，应积极拓展合作的广度和深度，探索产学研用一体化的合作模式，共同推动智慧农业健康发展。

4.经验总结与未来发展规划

在智慧农业技术的教学应用中，教师积累了丰富的经验与教训。成功的教学案例表明，将智慧农业的关键技术如智能农机装备等引入课程体系，能够显著提升学生的实践能力和创新思维。例如，通过展示北京农科院在小汤山基地的精准农业实践成果，学生对智慧农业的潜力有了更直观的认识。同时，教师应该注意到，在部分教学中过于依赖技术展示而忽视理论基础，容易导致学生难以全面理解智慧农业的内涵。

针对未来发展规划，教师应着眼于智慧农业技术的持续创新与教学需求的深度融合。随着物联网、大数据、人工智能等技术的不断进步，智慧农业更加精细化、智能化。因此，新农科教学需及时调整教学内容，引入前沿技术成果，确保教学与行业发展紧密结合。此外，还应加强实践教学环节，如组织学生参观现代农业示范区、开展智慧农业技术实训等，以培养学生的实际操作能力。

智慧农业技术在新农科教学中的应用与发展，需不断总结经验，紧跟技术潮流，优化教学模式，从而培养出更多具备创新精神和实践能力的农业人才，为现代农业的持续发展注入新的活力。

（二）政策支持及产学研合作模式探讨

1.国家政策支持

在国家政策层面，对智慧农业的支持力度持续加大。通过法律法规的完善，国家为智慧农业技术的研发和推广应用提供了坚实的法律基础。这些法律法规不仅涵盖技术创新、知识产权保护，还涉及农业数据安全和隐私保护等关键领域，从而确保智慧农业在法治轨道上健康发展。

同时，国家及地方政府在财政资金投入方面展现出对智慧农业的高度重视。大量财政资金被定向投入智慧农业技术研发、示范项目建设以及专业人才培养等关键环节。这些投入不仅加快了先进技术在农业领域的应用速度，还有效提升了农业生产的智能化水平和整体效率。

为鼓励更多社会力量参与智慧农业建设，国家还出台了一系列优惠政策。这些政策包括税收减免、土地租赁优惠等，旨在降低企业和个人进入智慧农业领域的门槛，激发市场活力。通过这些政策的引导，越来越多的创新资源和要素汇聚于智慧农业领域，共同推动着我国农业现代化的进程。

2.校企合作推动智慧农业发展的举措

在智慧农业的发展浪潮中，高校与企业的紧密合作成为推动技术创新和人才培养的关键力量。通过共建研发中心、开展人才培养合作以及推广应用技术，高校与企业为智慧农业的蓬勃发展注入源源不断的动力。

高校和企业可共同建立研发中心，汇聚双方的研发资源和优势。高校拥有深厚的学术积淀和科研实力，企业则具备敏锐的市场洞察力和技术转化能力。在这样的合作模式下，双方共同投入研发力量，针对智慧农业领域的关键技术和难题进行攻关，不仅加快了技术创新的步伐，还提高了科技成果的转化效率。例如，南京农业大学农学院智慧农业创新团队与中国联通等企业在实景数字乡村、现代生猪养殖新模式等方面进行了深入合作，充分发挥了各自的优势，实现了技术与市场的双赢。

在校企合作中，人才培养合作同样占据重要地位。高校通过与企业合作，能够为学生提供更多实践机会和职业发展资源，培养出既具备理论知识又具备实践能力的复合型人才。这样的合作模式不仅有助于提升学生的综合素质，还能为智慧农业领域输送更多优秀人才，为行业的长远发展提供有力支撑。

除了共建研发中心和开展人才培养合作，高校与企业还积极合作，将智慧农业技术推向市场。通过示范推广和应用实践，这些技术成果得以在更广阔的范围内发挥作用，促进农业生产方式的转型升级和农业生产效率的提升。在这一过程中，高校与企业共同承担技术推广的责任和风险，形成紧密的利益共同体，推动智慧农业的快速发展。

总体而言，校企合作在推动智慧农业发展方面发挥着举足轻重的作用。通过共建研发中心、开展人才培养合作以及推广应用技术等一系列举措，高校与企业携手并进，共同为智慧农业的繁荣和发展贡献力量。

3.行业内外资源整合共享机制构建

在智慧农业的发展浪潮中，行业内外资源的整合与共享显得尤为重要。为了实现资源的高效利用和行业的快速发展，必须建立起一套完善的资源整合共享机制。

行业资源共享平台是这一机制的核心组成部分。通过搭建一个开放、包容的平台，可以将分散在各地的技术、设备、人才等资源进行集中整合。隆化县建设的高标准蔬菜产业示范基地便是一个成功的案例。该基地通过与省级平台的数据对接，实现了资源的互联互通和共建共享，显著提升了园区的信息技术应用管理能力。这样不仅可以提高资源的利用效率，还能促进农业生产的现代化和智能化。

加强交流合作则是推动资源整合共享的重要途径。通过定期举办研讨会、交流会等活动，可以促进行业内外专家和企业之间的深度互动，从而推动智慧农业技术不断创新和发展。2024 中国国际大数据产业博览会智能设施装备驱动数字农业高质量发展交流活动的举办，就是一个积极的信号。此类活动为行业内外的交流与合作提供了宝贵的平台，有助于形成推动智慧农业发展的强大合力。

构建协作机制也是实现资源整合共享的关键环节。通过明确各方在智慧农业领域的职责与义务，可以形成有效的合作机制，共同推动智慧农业快速发展。在这一过程中，需要政府、企业、科研机构等多方主体共同参与和努力。政府可以提供政策支持和资金扶持，企业可以发挥技术创新和市场运营的优势，科研机构则可以提供智力支持和人才保障。只有各方携手合作，才能实现智慧农业的快速健康发展。

总体而言，行业内外资源整合共享机制的构建是推动智慧农业发展的关键。通过建立行业资源共享平台、加强交流合作以及构建协作机制等措施的实施，将会迎来一个更加高效、智能、可持续的农业未来。

第三章　耕读教育的创新与实践

第一节　耕读教育的传统模式与现代转型

一、传统耕读教育模式

（一）家庭式耕读教育

家庭式耕读教育作为一种传统的教育模式，在当代社会依然发挥着重要的作用。它强调家庭氛围的营造、亲子共读的实践以及家庭教育资源的充分利用，旨在培养孩子的阅读兴趣与习惯，增进亲子关系，同时为孩子提供丰富的知识来源和学习机会。

在家庭式耕读教育中，营造浓厚的阅读氛围是至关重要的。家长通过自身的言谈举止和阅读习惯，潜移默化地影响孩子，激发他们对知识的渴望和追求。例如，在家庭中设立专门的书房或阅读角落，定期购买适合孩子阅读的书籍，以及家长自身保持良好的阅读习惯，都能为孩子营造良好的阅读环境。

亲子共读是家庭式耕读教育中的另一重要环节。家长与孩子共同阅读书籍，不仅有助于增进亲子关系，还能在阅读过程中引导孩子深入思考，培养他们的阅读兴趣和阅读能力。通过共读，家长可以与孩子分享彼此的阅读感受，讨论书中的情节和人物，从而拓宽孩子的视野，丰富他们的情感体验。

家庭式耕读教育还注重充分利用家庭教育资源。家长应根据自身的职业特长、兴趣爱好等，为孩子提供多样化的知识来源和学习机会。例如，家长可以结合自身的工作经历，向孩子介绍不同行业的知识和技能；家长可以利用自己的兴趣爱好，带领孩子参与各种实践活动，如科学实验、艺术创作等，从而培养孩子的动手能力和创新精神。

家庭式耕读教育通过营造浓厚的阅读氛围、亲子共读以及充分利用家庭教育资源等方式，为孩子的全面发展提供了有力的支持。这种教育模式不仅有助于增进亲子关系，还能培养孩子的阅读兴趣和阅读能力，为他们的未来成长奠定坚实的基础。

（二）私塾式耕读教育

私塾式耕读教育作为传统教育模式的一种，深度融合了农耕实践与读书学习，形成了其独特的教育理念和风格。这种模式不仅注重知识的传授，更致力培养孩子的综合素质和乡土情怀。

在私塾式耕读教育中，个别辅导是其显著特点之一。教师会根据每个孩子的个性特点和需求，量身定做个性化的教育方案。这种针对性强的教学方式有助于发掘孩子的潜能，引导他们在各自擅长的领域得到更深层次的发展。

私塾作为孩子启蒙教育的重要场所，承载着传授经典文化的重任。通过教授经典诗文、讲历史故事等方式，私塾式耕读教育为孩子打下扎实的文化基础，培养他们的文化素养和人文精神。这种教育模式不仅让孩子在学习中感受到中华文化的博大精深，更有助于培养他们的民族自豪感和文化自信。

私塾式耕读教育还强调师生之间的亲近关系。在这种教育模式下，教师不仅是知识的传授者，更是孩子成长路上的引路人和伙伴。他们关心学生的生活和心理状态，为学生提供全面的关怀和支持。这种亲密的师生关系有助于营造和谐的学习氛围，激发孩子的学习兴趣和动力。

私塾式耕读教育以其独特的教育理念和实践方式，为孩子的全面发展提供了有力的保障。

（三）社会化耕读教育

社会化耕读教育作为一种新兴的教育模式，近年来在乡村地区得到了广泛的关注与实践。该教育模式注重乡村文化的传承与发展，旨在通过一系列的文化活动，为孩子提供更加丰富、全面的学习体验。

具体而言，社会化耕读教育强调乡村文化的熏陶。在这一模式下，各种文化活动和节日庆典被赋予重要的教育意义。例如，全国文化站组织的文艺活动的参与人次从 2020 年的 16313.63 万人次增长至 2022 年的 28771.3 万人次，这一显著增长反映了乡村文化活动日益增强的吸引力和影响力。通过参与这些活动，孩子能够亲身感受到乡村文化的独特魅力和深厚内涵，从而增强对乡村的认同感和归属感。

社会化耕读教育倡导集体学习的方式。在这种方式下，孩子不再孤军奋战，而是共同学习、交流心得。这种集体学习的氛围不仅有助于增进孩子之间的友谊，还能提高他们的学习效果和积极性。通过集体学习，孩子可以相互启发、共同进步，形成更加积极向上的学习氛围。

社会化耕读教育还积极整合各种教育资源，为孩子提供更加丰富的学习机会。图书馆、博物馆等文化场所被充分利用起来，成为孩子探索知识、拓宽视野的重要平台。这样不仅丰富了孩子的学习内容，还为他们提供了更加多元化、个性化的学习路径。

总体而言，社会化耕读教育通过注重乡村文化熏陶、倡导集体学习方式以及整合教育资源等举措，为乡村地区的孩子提供了更加丰富、全面的学习体验。这一教育模式不仅有助于传承和发展乡村文化，还能培养孩子的文化素质和社交能力，为他们的未来发展奠定坚实的基础。

二、现代耕读教育转型背景与动因

（一）现代社会变迁对耕读教育的影响

随着现代社会的不断发展，社会转型与产业结构调整、科技创新与信息化发展以及人才培养理念的变化成为对耕读教育有深远影响的三大要素。

在社会转型与产业结构调整的宏观背景下，耕读教育正面临着前所未有的挑战。传统的农耕文明逐渐让位于工业化和信息化的现代社会，这要求耕读教育不仅保留其传统的"耕以养身、读以明道"的精神内核，还需积极对接现代产业需求，培养能够适应甚至引领产业变革的新型人才。这种转变对耕读教育提出了更高的要求，即在坚守文化传承的同时，实现与现代社会的有机融合。

科技创新与信息化发展则为耕读教育提供了新的契机。现代科技手段如数字技术等，极大地丰富了耕读教育的形式和内容。例如，通过虚拟现实技术，学生可以模拟农耕活动，体验传统耕作的乐趣；在线教育平台的兴起，使得耕读文化的传播不再受限于地域，而是能够触及更广泛的受众。这些创新手段不仅提升了耕读教育的趣味性和互动性，也为其在新时代的传承与发展注入了新的活力。

此外，人才培养理念的变化对耕读教育产生了深远影响。当今社会越来越注重人才的创新精神和实践能力，这要求耕读教育在培养学生时，更加注重对其独立思考、动手操作等能力的培养。新时代的耕读教育不再仅仅是传授知识的方式，更是培养创新精神和实践能力的摇篮。这种转变使得耕读教育在人才培养体系中的地位愈发重要，成为培养未来社会栋梁之材不可或缺的一环。

现代社会变迁对耕读教育产生了深刻而全面的影响。面对这些影响，耕读教育需积极应对，不断调整和优化自身的教学理念和模式，以适应时代发展的需求，继续发挥其在人才培养和文化传承中的重要作用。

（二）教育政策调整与耕读教育发展

随着国家教育政策的不断调整与优化，素质教育和人才培养质量逐渐被置于核心地位，这为耕读教育的复兴与发展提供了有力的政策支撑。教育政策的调整反映出国家对于教育改革的深刻理解和长远规划，其中，对于耕读教育的重视，正是基于对传统文化价值的重新认识和对现代教育需求的精准把握。

教育改革的持续深入，为耕读教育的转型与创新指明了方向。在理论与实践相结合的教学理念指导下，耕读教育不再局限于传统的农耕文化与经典诵读，而是拓展到更为广阔的领域，包括科学探究、艺术创作、社会服务等多个方面。这种转型不仅丰富了耕读教育的内涵，也使其更加符合当代青少年的成长需求和社会发展的实际要求。

优质教育资源的整合与共享，为耕读教育提供了更加广阔的发展空间和机遇。在信息化、网络化的时代背景下，教育资源的获取和利用变得更加便捷高效。通过校际合作、区域联动等方式，耕读教育能够汲取到更多的优质资源，从而提升自身的教学质量和教育效果。这种资源的整合与共享不仅有助于缩小教育差距、促进教育公平，还能够推动耕读教育在更广泛的范围内得到传播与普及。

（三）家庭教育观念变化与需求升级

在当下社会，家庭教育观念正经历着深刻的变革，家庭对于孩子教育的需求也随之变化。这种变化不仅体现在家长对子女学业成绩的关注上，更体现在对孩子全面发展、综合素质提升的追求上。特别是在耕读教育方面，家长提出了更高的要求和期待。

家庭教育观念的转变，其核心在于从传统的单一知识传授向更加注重孩子个性发展、情感培养和实践能力提升的方向转变。家长越来越认识到，知识的获取不再是教育的唯一目标，培养孩子的创新精神、批判性思维以及解决问题的能力则显得更为重要。因此，耕读教育作为一种将文化知识学习与生产劳动实践相结合的教育方式，受到越来越多家庭的青睐。

与此同时，家庭对于耕读教育的需求在逐步升级。家长希望孩子在接受传统文化熏陶的同时，能够接触到现代科技知识，实现传统与现代的有机结合。他们渴望孩子通过耕读教育，不仅能够激发对劳动的尊重和热爱，更能在实践中学会合作与分享。这种需求的升级，对耕读教育的实施者提出了更高的挑战，要求他们在课程设计、教学方法等方面进行相应的改进和提升。

值得注意的是，家庭与学校之间的合作在推动耕读教育的发展过程中扮演着至关重要的角色。双方通过加强沟通与协作，共同制订符合孩子成长规律和教育需求的教学计划，促进耕读教育在家庭落地生根。这种合作模式不仅有助于提升耕读教育的质量和效果，更能够在家庭和学校之间建立起一座相互信任、共同成长的桥梁。

总体而言，家庭教育观念的变化与需求的升级对耕读教育提出了更高的要求。为了满足这些要求，教育者需要不断调整和优化教育模式，实现家庭教育与学校教育的有机融合，共同推动孩子全面发展。

三、现代耕读教育转型策略与实践

（一）转型策略制定

在现代教育的大背景下，耕读教育的转型显得尤为重要。转型策略的制定，必须紧密结合时代背景和教育需求，以实践应用为导向，整合资源，并着重强调素质教育。

耕读教育的转型，首要关注的是实践应用层面。传统的耕读教育注重的是知识与技能的传承，现代教育则更加强调这些知识与技能在实际生活中的应用。因此，组织学生进行实地参观、亲身实践，成为转型策略中的重要环节。通过实践，学生不仅能够深化对耕读知识的理解，更能够在实际操作中锻炼其解决问题的能力，实现知行合一的教育目标。

整合优质资源也是转型策略中不可或缺的一部分。随着科技的发展，教育资源的形态和获取方式都发生了翻天覆地的变化。利用现代科技手段，如互联网、大数据等，可以打破地域限制，实现优质教育资源的共享。这不仅能够丰富耕读教育的教学内容，还能够提高教育的质量和效果，使更多的学生受益。

在转型策略中，强调素质教育同样至关重要。素质教育旨在培养学生的综合素质，如创新能力、实践能力以及正确的世界观、人生观和价值观等。在耕读教育的转型过程中，必须注重学生的全面发展，通过多样化的教学方式和实践活动，激发学生的创新精神，引导他们形成积极向上的人生态度和正确的价值观念。

总体而言，耕读教育的转型策略应以实践应用为导向，整合优质资源，并强调素质教育。通过实施这些策略，可以推动耕读教育在现代社会中的创新发展，为培养新时代所需的高素质人才奠定坚实的基础。

（二）转型效果评估方法论述

在耕读教育转型的过程中，为确保转型的成效与方向正确，需采用科学、系统的评估方法。本部分主要讲述定量分析法、定性分析法及问卷调查法这三个评估方法。

定量分析法的核心在于通过收集和分析大量数据，对耕读教育转型的成效进行量化评估。具体而言，可以追踪学生在转型前后的学业成绩变化，通过对比分析，探究转型对学生学业发展的具体影响。同时，可以量化评估学生的综合素质提升情况，如品德行为、身心健康、审美素养、劳动素养等方面的进步，从而客观、全面地反映转型的实际效果。

定性分析法侧重于通过访谈、观察等质性研究手段，深入挖掘耕读教育转型过程中的非数据信息。例如，通过与教师进行深入交流，了解其在教学方式上的改进与创新，以及这些变化对学生学习态度与兴趣的影响；通过观察学生的日常行为表现，捕捉其在转型过程中的心态变化与成长轨迹，从而为转型效果的评估提供更为丰富和深入的依据。

问卷调查法是一种广泛征求各方意见与建议的有效手段。在耕读教育转型过程中，可以设计有针对性的问卷，向教师、学生、家长等利益相关者收集第一手资料。通过对问卷数据的整理与分析，不仅能够了解各方对转型效果的直观感受与评价，还能够发现转型过程中存在的问题与不足，从而为后续的优化与改进提供有力的参考。

通过定量分析法、定性分析法及问卷调查法的综合运用，教师能够全面、客观地评估耕读教育转型的实际效果，确保转型工作沿着正确的方向深入推进。

（三）转型成果展示与分享

自双峰县深化耕读教育转型以来，呈现出一系列显著成果，这些成果不仅体现在学生综合素质的提升上，也反映在教师教学科研能力的增强上。为了全面展示这些转型成果，双峰县采取了多种措施进行成果展示与分享。

在成果展示方面，双峰县通过定期举办成果展览会、报告会等活动，向公众直观展示了耕读教育转型的最新进展。在这些展览会上，学生的作品如手工作品、绘画、文学创作以及科技小发明等琳琅满目，充分展现了耕读教育在培养学生实践能力和创新思维方面的突出成效。教师的科研成果也备受瞩目，教学方法的创新、课程体系的改革等都体现了教师在耕读教育转型过程中的积极探索和深厚底蕴。

在成果分享方面，双峰县注重与教育界同人、家长以及社会各界的深入交流与研讨。通过召开座谈会、研讨会等形式，分享了耕读教育转型过程中的宝贵经验和遇到的挑战。这些分享活动不仅促进了教育资源的共享，也为耕读教育的进一步推广和应用提供了有益借鉴。这些分享活动详细介绍了耕读教育的理念、实践案例以及转型带来的积极影响，有效提高了社会对耕读教育的认知度和关注度。通过这种全方位的宣传策略，双峰县让更多人知晓耕读教育，为推动区域教育事业的持续发展注入了新的活力。

第二节　耕读教育课程设计、实施路径与乡村振兴实践

一、耕读教育课程设计

（一）课程设计原则与目标

在课程设计的过程中，为确保教育质量，必须遵循一系列重要的原则，并设定明确的目标。这些原则不仅体现了教育的根本价值，也是指导课程设计者进行内容选择和教学方法制定的关键准则。目标的设定则直接关系到课程实施后所期望达到的效果，它既是课程设计的出发点，也是最终归宿。

课程设计应遵循科学性原则。这意味着课程的内容必须基于扎实的学科知识和理论框架来构建，确保所传授知识的准确性和权威性。科学性是课程设计的基础，它要求设计者深入研究相关学科领域，精选符合教育规律和学生认知特点的教学内容，从而为学生打下坚实的知识基础。

课程设计应遵循实用性原则。课程的实用性体现在其能否让学生将所学知识应用于实际生活和工作中，解决具体问题。因此，课程设计应注重实践环节的设置，通过案例分析、实验操作、社会实践等方式，培养学生的动手能力和问题解决能力。这样，学生在完成学业后不仅能拥

有丰富的理论知识，还能具备实际操作和应用的技能。

课程设计应遵循创新性原则。随着科技的飞速发展和社会的不断进步，创新精神和创造力成为衡量人才的重要标准。因此，课程设计应致力培养学生的创新能力，通过引入新兴技术、创新教学方法、鼓励学生自主探究等手段，激发学生的创新思维和创造潜力。这样，学生不仅能够适应未来的社会变革，还能成为推动社会进步的重要力量。

课程设计的最终目标是促进学生的全面发展。这包括知识、能力、素质等多个方面的提升。全面发展的目标要求课程设计者不仅关注学生的知识掌握情况，还需注重培养学生的综合能力，如批判性思维、沟通能力、团队协作能力等。同时，要通过德育、美育、体育等多方面的教育引导，帮助学生形成健全的人格和良好的道德品质，从而使学生具备扎实的耕读知识基础和广泛的适应能力，更好地应对未来的挑战。

总体而言，课程设计应遵循科学性、实用性和创新性原则，并设定全面发展目标。这些原则和目标共同构成了课程设计的核心理念和框架，为设计者提供了明确的指导和方向。在实际操作中，课程设计者应根据具体学科特点和学生需求，灵活运用这些原则和目标，设计出既符合教育规律又具有实践价值的优质课程。

（二）课程内容选择与组织

在耕读教育课程体系构建中，课程内容的选择与组织是至关重要的环节。它们直接关系到教育的质量、效果以及学生全面发展的实现。

在课程内容的选择方面，应紧密结合耕读教育的核心目标和特点，筛选出既贴近实际又具有教育意义的素材。这涵盖耕作技术的传授、农业知识的普及以及农村发展的探讨等多个层面。例如，坪洲小学的"新耕读"课程明确强调"耕读树德、耕读增智、耕读强体、耕读育美、耕读促劳"五大品质，这既是课程内容选择的指导原则，也是教育实践的具体目标。同时，教师应注意到，不同地域、不同文化背景下的耕读教育，其内容选择可能会有所差异，因此需要因地制宜，灵活调整。

在课程内容的组织方面，需遵循系统性、逻辑性原则，确保教学内容条理清晰、层次分明。这要求教育者不仅有深厚的专业知识储备，还需具备跨学科整合的能力，以便将耕读教育与其他教育领域的内容有机融合，从而拓宽学生的知识视野。课程内容的组织还应注重实践性与操作性，通过引入案例分析和实际操作环节，让学生在亲身体验中深化对知识的理解与应用。例如，一些学校开展的"劳动耕读"实践活动、"快乐农场"等体验式学习项目，便是课程内容组织实践性的生动体现。

总体而言，课程内容的选择与组织是耕读教育课程体系构建中的关键环节。只有做到精选内容、科学组织，才能确保耕读教育的有效实施，进而促进学生的全面发展。

（三）教学方法与手段创新

在教学方法与手段的创新上，教育机构和教师需要不断探索与实践，以适应新时代的教育需求。教学方法的多样性是提高教学效果的关键。传统的讲授式教学虽然有其独特的价值，但在培养学生主动思考、实际操作能力方面存在局限。因此，引入讨论式教学、案例研究、项目式学习等多种方法显得尤为重要。这些方法能够激发学生的学习兴趣，培养他们的问题解决能力和团队协作精神。坪洲小学在"新耕读"教育实践中成功地将文化知识学习与生产劳动实践相结合，通过亲身参与和体验，让学生在耕读中收获成长。

教学手段的现代化也是提升教学质量的重要途径。随着科技的发展，虚拟现实等技术为教育带来了前所未有的可能性。利用这些技术手段，可以创造更为生动、真实的学习环境，帮助学生更好地理解和掌握知识。例如，通过虚拟现实技术，学生可以身临其境地体验历史场景、科学实验等，从而提高学习的趣味性和实效性。亚太地区在利用数字技术构建互动性强的学习环境方面取得了显著的成效。

加强师生互动也是教学方法与手段创新的重要方面。传统的教学模式往往以教师为中心，学生则处于被动接受的状态。然而，现代教育理念强调学生的主体性和参与性。通过提问、答疑、小组讨论等方式，教师可以及时了解学生的学习情况和问题所在，从而进行有针对性的指导。这种互动式的教学方式不仅能够提高学生的学习效果，还有助于培养他们的批判性思维和创新能力。坪洲小学在"新耕读"教育中就注重师生的互动与参与，让学生在与教师的交流中不断成长。

（四）课程评价体系构建

在构建课程评价体系时，必须充分考虑评价方式的多元化、过程性以及实践性，以确保评价结果的全面性和准确性。

多元化评价是现代教育评价体系的重要组成部分。传统的单一评价方式，如期末考试，往往只能反映学生在特定时间的知识掌握情况，而无法全面展现其学习成效。因此，教师需要采用包括平时成绩、作业完成情况、课堂参与度、小组合作等在内的多维度、多元化的评价手段。这样不仅能全面地反映学生的学习效果，还能激发学生的学习兴趣和积极性，促进其全面发展。

过程性评价则强调对学生学习过程的持续观察和评估。通过关注学生在学习过程中的表现、遇到的问题及解决方式，教师能更深入地了解学生的学习状况和需求，从而及时调整教学策略，提供更有针对性的指导。过程性评价还能帮助学生及时发现自己的不足，调整学习方法，实现更有效的学习。

实践性评价是检验学生知识运用能力和实际解决问题能力的重要手段。通过完成实践项目、进行案例分析等方式，学生能在实际操作中巩固和拓展所学知识，提升解决问题的能力。实践性评价也能帮助教师了解学生在实践中的表现，进一步指导其提升实践能力和创新思维。

要想构建科学有效的课程评价体系，需要考虑评价方式的多元化、过程性和实践性等多个方面，以全面、客观地评估学生的学习成果，促进其全面发展。

二、实施路径探索

（一）政策支持与资源整合

在推动乡村耕读教育的过程中，政策支持与资源整合发挥着至关重要的作用。在政策支持方面，各级政府通过制定和实施一系列针对性强的扶持政策，为耕读教育在乡村的普及和推广提供了有力保障。这些政策涵盖经费支持、土地资源配置等多个层面，确保耕读教育活动能够顺利开展。例如，岳西县通过持续深化教育改革，优化教育资源配置，推进教育重点工作全面提质，为乡村教育的振兴奠定了坚实的基础。

资源整合是乡村耕读教育实施的另一关键环节。乡村地区拥有丰富的教育资源，如学校、文化机构、农业合作社等，这些资源各具特色，共同构成了乡村教育的独特优势。双峰县的做法就值得借鉴，该县通过深挖本土"耕读"文化资源，将其融入各类创建活动中，成功激励人们向上向善，使传家风、讲文明、扬正气成为群众的自觉追求。这种资源整合的方式既丰富了耕读教育的内涵，又增强了乡村教育的吸引力和影响力。

（二）师资队伍建设与培训

在推进耕读教育的过程中，师资队伍建设与培训显得尤为重要。为了提供优质的耕读教育服务，必须精心选拔具备相关知识和技能的教师，构建专业化的师资队伍。这支队伍不仅需要深刻理解耕读教育的理念和价值，还需掌握丰富的农业知识，能够将其有效地融入日常教学之中。

针对教师的培训同样不可忽视。通过系统性的培训，可以提升教师的耕读教育能力。培训内容应涵盖农业知识、教育教学方法以及与学生和家长的沟通技巧等多个方面。例如，可以组织教师参观现代农业示范区，了解最新的农业技术和发展趋势；同时，通过案例分析、模拟教学等方式，帮助教师掌握更多实用的教学技巧。

北京市少年宫在劳动教育师资队伍建设方面的做法值得借鉴。其不仅通过开发系列课程、组织市级学生活动丰富了学生的劳动体验，还通过开展培训会、下校指导等方式有效提升了教师的专业素养。这种将理论与实践相结合的方式，对于培养具备耕读教育能力的教师具有重要意义。

坪洲小学"新耕读"实践的案例也为教师提供了有益的启示。其通过"学·思·行·雅"课程育人体系，强调在不同学段实施不同的教学策略，鼓励教师在教学理念和方法上不断创新。这种以学生为中心、注重实践的教学理念，同样适用于耕读教育，有助于培养教师的创新意识和实践能力。

师资队伍建设与培训是耕读教育有效实施的关键环节。只有建立起一支高素质、专业化的教师队伍，并不断加强对他们的培训和支持，才能确保耕读教育在乡村地区深入推广和持续发展。

（三）实践教学基地建设

为确保实践教学基地有效运行，需要加强基地管理工作。这包括维护基地的安全、卫生和秩序，确保学生在安全、健康的环境中进行实践活动。管理有序、环境良好的实践教学基地，对于学生实践能力的提升具有重要意义。

从全国训练基地的统计数据来看，近年来训练基地的数量呈现一定的下降趋势。对此，教师需不断优化现有基地的资源配置，提高基地的利用效率，以满足更多学生的实践需求。同时，教师应积极探索新的合作模式，以期进一步扩大实践教学基地的规模，为更多学生提供实践机会。

实践教学基地建设是培养学生实践能力的重要环节。教师应继续努力，不断完善基地设施，提升管理水平，为学生创造更加优越的实践环境，助力他们在农业领域取得更大的成就。

（四）校企合作与产教融合

在推动耕读教育的过程中，校企合作与产教融合发挥了至关重要的作用。通过深度的校企合作，地方企业为耕读教育提供了宝贵的实践机会。企业不仅开放其生产经营场所供学生实地学习，还派遣经验丰富的技术人员担任指导教师，使学生在亲身体验中深化对耕读文化的理解。同时，企业资金的支持为耕读教育的持续发展注入了活力，确保了教育资源的不断更新和完善。

产教融合将耕读教育与地方产业发展紧密结合，通过教育推动产业创新和升级。在这一过程中，教育机构根据地方产业的发展需求调整教育内容，使耕读教育更加贴近实际，培养的人才更能满足产业发展的需要。同时，产业的发展为耕读教育提供了更为广阔的应用场景，促进了教育成果的转化和应用。

以某地区的耕读山房项目为例，该项目通过整合乡村资源，将传统农业与现代教育相结合，打造了一个集劳动教育、生态观光、休闲度假等多功能于一体的农文旅融合项目。这一项目的成功实施，是校企合作与产教融合深入推进的结果。企业通过资金投入和技术支持，帮助项目实现了从传统农业向现代农业的转型，教育机构则为项目提供了人才支撑和智力支持，共同推动了乡村产业的振兴和发展。

三、耕读教育与乡村振兴的互动关系

（一）耕读教育对乡村振兴的推动作用

在乡村振兴的战略背景下，耕读教育作为一种深度融合传统文化与现代教育理念的教育模式，发挥着越来越重要的作用。耕读教育不仅有助于传统文化的传承，更是提升乡村教育水平、促进产业发展的关键。

耕读教育强调对传统文化的传承。通过教授村民历史、文学、哲学等经典内容，耕读教育不仅丰富了乡村的文化生活，更增强了村民的文化自信与归属感。这种教育模式使乡村文化得以在新时代焕发出新的生机，为乡村的持续发展提供了坚实的文化支撑。

同时，耕读教育在提升乡村教育水平方面展现出显著效果。针对乡村教育的实际需求，耕读教育注重基础知识的普及与职业技能的提高。通过开设多样化的课程与培训，耕读教育有效提升了村民的整体素质，特别是为青少年提供了更为广阔的成长平台。这种教育模式的推广，不仅有助于缩小城乡教育差距，更为乡村的长远发展储备了宝贵的人才资源。

耕读教育在促进产业发展方面也发挥了积极作用。结合乡村的实际情况，耕读教育注重将产业知识融入日常教学中，特别是针对农业、旅游业等乡村主导产业开展专项培训。这种教育模式不仅提高了村民的产业技能，更有助于推动乡村产业转型升级与发展壮大。通过耕读教育的引领与助力，越来越多的乡村走上特色发展之路，实现了经济效益与社会效益的双赢。

耕读教育在乡村振兴中扮演着举足轻重的角色。通过传承传统文化、提升乡村教育水平以及促进产业发展等多方面的努力，耕读教育为乡村的全面振兴注入源源不断的动力与活力。

（二）乡村振兴对耕读教育的需求牵引

在乡村振兴的大背景下，耕读教育的需求逐渐凸显，其牵引力来自市场需求、政策引导以及村民需求。

在市场需求方面，随着乡村振兴战略的深入实施，对各类人才的需求日益迫切。农业技术人才是推动农业转型升级、提高农业生产效率的关键。从传统农业向现代农业的转变，需要更多具备专业知识和技能的人才来支撑。例如，在某些地区，通过邀请退休人员等方式，为农业注入新的活力，这正是对专业人才渴求的体现。随着乡村旅游和休闲农业的兴起，文化旅游人才也显得尤为重要。他们不仅能够提升乡村旅游的品质，还能有效促进乡村文化的传播和继承。这些市场需求为耕读教育提供了巨大的发展空间。

在政策引导方面，政府为了推动乡村振兴，出台了一系列的支持政策。这些政策不仅为乡村发展指明了方向，还为耕读教育提供了坚实的政策保障和资金支持。政策的扶持使耕读教育得以快速发展，为乡村输送了大量的人才。在政策的推动下，各地纷纷探索乡村振兴的新模式，如资源变资产、村民变"股民"等，这些都离不开教育的支撑。

在村民需求方面，随着乡村振兴战略的推进，村民对教育的需求也在不断提升。他们渴望通过教育提高自身素质，更好地适应乡村发展的新形势。这种对教育的渴望，促使耕读教育不断创新和升级，以满足村民的多元化需求。在一些地方，通过政府主导、乡贤参与等方式，打造家风示范基地，不仅推动了当地文旅产业的发展，也满足了村民对教育的实际需求。

乡村振兴对耕读教育的需求是多维度的，既包括市场的人才需求，也包括政策的引导需求，更包括村民的实际教育需求。这些需求共同构成了耕读教育发展的强大动力。

（三）耕读教育与乡村振兴的协同发展

在当今社会，耕读教育与乡村振兴的紧密结合，不仅有助于传承优秀的农耕文化，更能为乡村的全面发展注入新的活力。通过整合教育资源、挖掘乡村特色以及建立多方协作机制，可以实现耕读教育与乡村振兴的协同进步。

教育资源的整合是耕读教育与乡村振兴协同发展的基础。乡村地区蕴含着丰富的自然与人文资源，这些资源是开展耕读教育的宝贵财富。例如，江苏省徐州市的幼儿园通过开设生活劳动课程，让孩子在亲身体验中学习烧火做饭、裁布缝衣等传统技能，这不仅丰富了教育内容，也有效促进了乡村文化的传承。同样，清华大学新雅书院的"劳动耕读"实践活动和江西省九江中学的"快乐农场"，都是将教育资源与乡村实际相结合的典范，它们在培养学生劳动精神的同时，为乡村教育的均衡发展提供了有力支持。

挖掘乡村特色，打造具有特色的耕读教育品牌，是推动乡村振兴的重要举措。每个乡村都有其独特的历史底蕴和文化氛围，这些特色是乡村发展的宝贵资产。深圳市宝安区坪洲小学以"一起耕读，一起长大"为办学理念，深入开展"新耕读"教育实践与研究，不仅培养了学生的劳作技能，更在潜移默化中熏陶了他们的乡村情怀。这种将耕读教育与乡村特色相结合的方式，不仅有助于形成独特的乡村文化内涵，更能为乡村的持续发展提供不竭的动力。

建立政府、企业、学校等多方参与的协作机制，是实现耕读教育与乡村振兴协同发展的关键。这种协作机制能够汇聚各方力量，共同推动乡村教育创新与发展。冯梦龙村的成功案例就充分证明了这一点。该村依托深厚的文化底蕴与自然资源，通过文化引领村庄风貌、引进旅游产业、引导村民风尚的方式，成功探索出一条"农业＋文化＋旅游"融合发展的新路径。这不仅有效提升了村庄的整体形象，也为村民提供了更多的就业机会和增收渠道，实现了经济效益与社会效益的双赢。

总体而言，耕读教育与乡村振兴之间存在着紧密的内在联系。通过整合教育资源、挖掘乡村特色以及建立多方协作机制，可以进一步推动耕读教育与乡村振兴的深度融合与协同发展，为乡村的全面振兴贡献智慧和力量。

第三节　智慧农业背景下的耕读教育模式创新

一、智慧农业背景下的耕读教育模式构建策略

（一）明确培养目标与定位

在智慧农业时代的浪潮下，耕读教育模式显得愈发重要。它不仅关乎传统文化的传承，更是培养新时代人才的关键路径。坪洲小学所倡导的"新耕读"教育，是在这一时代背景下应运而生的创新实践。

培养学生全面发展成为"新耕读"教育的首要目标。这一目标的设定，旨在打破传统教育模式的束缚，以更加开阔的视野来审视学生的成长需求。在知识储备方面，"新耕读"教育注重跨学科的学习，鼓励学生涉猎多个领域，形成全面的知识体系。在技能培养方面，该模式强调实际操作的重要性，通过"做中学""知行合一"的方式，让学生在亲身参与中掌握实用技能。在素质提升方面，"新耕读"教育则着眼于培养学生的创新精神、团队协作能力以及社会责任感，以期塑造出更加全面、立体的人才。

定位应用型人才培养是"新耕读"教育的另一重要方面。随着智慧农业的不断深入发展，行业对于具备实践能力与创新精神的人才需求日益旺盛。因此，"新耕读"教育将培养重点放在学生的实践能力和创新能力上。通过设计丰富的实践活动和创新项目，激发学生的探索欲望和创新思维，使其在解决实际问题的过程中不断成长。

强调农耕文化传承也是"新耕读"教育不可或缺的一环。农耕文化作为中华文化的重要组成部分，蕴含着丰富的智慧和深厚的底蕴。在

"新耕读"教育中，传承与发展农耕文化被赋予新的时代意义。通过让学生了解和体验农耕文化的独特魅力，不仅有助于增强他们的文化自信心和归属感，更能激发其对于传统文化的创新思考，从而推动农耕文化在新时代的焕新与发展。

（二）完善课程体系设置及教学方法改革

在当前智慧农业时代背景下，耕读教育模式的革新显得尤为重要。为适应这一时代的发展趋势，必须对课程内容进行整合与重构。新的课程体系应当融合农学、理学、工学以及管理学等多个学科领域的知识，旨在培养具备跨学科综合素养的人才。此举不仅有助于学生构建全面的知识体系，更能提升其在复杂多变环境中的问题解决能力。

同时，教学方法的改革势在必行。随着信息技术的迅猛发展，利用在线教育、智能辅导系统等现代教学手段，能够有效提升教学效果，为学生提供更加丰富多彩的学习体验。这些技术手段的引入，不仅可以增加学生的学习兴趣，还能实现个性化教学，满足不同学生的学习需求。更为重要的是，耕读教育模式应着重加强实践环节。通过安排学生参与农业生产、科研实验等实践活动，可以提高学生的实践能力和创新能力。这种"做中学"的教学方式，不仅能够加深学生对理论知识的理解，更能培养其实际操作能力和解决问题的能力。坪洲小学的"新耕读"教育理念，正是在这样的背景下应运而生，它旨在高质量地将文化知识学习与生产劳动实践相结合，促进学生全面发展，值得更多的学校借鉴与推广。

（三）加强师资队伍建设及校企合作机制建立

在推动耕读教育模式的过程中，师资队伍的建设显得尤为重要。为了构建一支具备深厚农业知识与教学能力的专业团队，需要加强师资培训，积极引进农业教育领域的优秀人才。这包括丰富教师的农业专业知识，引入新的教学理念和方法，以确保他们能够有效地传授知识和技能。

同时，校企合作是提升教育质量、促进学生实践能力提升的重要途径。学校应当积极与农业企业、科研机构等建立紧密的合作关系。通过这种合作，学校可以获得更多的实践教学资源和行业经验，企业则能够获得学校的研究支持和人才支持。这种资源共享和优势互补的模式有助于提高学生的综合素质，使他们更好地适应未来的职业生涯。

实践基地的建设也是不可或缺的一环。学校应与企业共同打造实践基地，为学生提供真实的职业环境，让他们在实践中学习，提高他们的动手能力和解决实际问题的能力。这种实践教学模式不仅能够加深学生对专业知识的理解，还能培养他们的创新思维和团队协作能力。

加强师资队伍建设、深化校企合作以及建立实践基地是推动耕读教育模式发展的关键措施。这些措施能够促进学生全面发展，提升他们的职业素养和实践能力，为未来的农业发展培养出更多优秀人才。

二、智慧农业时代下的耕读教育模式实施路径

（一）校园内部环境营造及资源整合利用

在校园内部环境营造方面，学校尤其重视耕读文化的传承与弘扬。通过精心策划并举办耕读文化讲座、主题展览等多样活动，深入引导学生探寻耕读文化的深厚历史底蕴以及其对当代社会的深远影响。这些活动不仅丰富了校园文化生活，更在无形中激发了学生对耕读教育的浓厚兴趣，为培养他们的实践能力和农耕情怀奠定了坚实的基础。

在资源整合利用方面，校园内的农田、温室等农业设施得到了充分利用，成为开展耕读教育的重要实践基地。同时，学校积极挖掘农业相关专业的师资力量，整合科研成果，为耕读教育的深入实施提供了强有力的支持。这种跨学科的资源整合模式，不仅提升了教育资源的利用效率，更有助于培养学生的综合素养。

学校还结合智慧农业的前沿技术，开设了农业物联网、智能农业装

备等特色课程。这些课程紧密围绕现代农业发展的需求，致力提高学生的农业科学素养和实践操作能力。

（二）校外拓展活动组织与策划

在组织与策划校外拓展活动时，特别是针对农业领域的活动，应当着重考虑实践性与教育性的结合。通过亲身体验、举办知识竞赛以及校企合作等多种形式，可以有效提升学生对农业的认知与兴趣，同时培养他们的实践能力。

开展农场体验活动是一种直观且富有成效的方式。通过组织学生亲临农场，参与播种、施肥、除草、收割等农业生产环节，让他们亲身感受农业生产的艰辛与乐趣。这样的体验不仅能够加深学生对农业的了解，还能够培养他们的劳动意识和团队协作精神。在体验过程中，可以结合现代农业技术，如智慧农业管理系统，让学生了解到科技在农业中的应用和其带来的变革。

举办农业竞赛是激发学生兴趣和提高学生创新能力的有效途径。通过设立农业知识竞赛、农业创业大赛等活动，可以引导学生主动学习农业知识，提高他们的农业实践能力。这类竞赛不仅能够检验学生的学习成果，还能够为他们提供一个展示自我、交流学习的平台。同时，竞赛的举办有助于发现和培养农业领域的优秀人才，为农业的发展注入新的活力。

校企合作则是连接学校与社会、理论与实践的桥梁。企业可以借助学校的科研优势和人才资源，开展农业项目研究和实践，推动农业技术创新和应用。这种合作模式有助于实现资源共享和优势互补，促进农业教育的改革与发展。

（三）政策支持、社会参与和评价体系构建

在智慧农业时代的耕读教育中，政策支持、社会参与和评价体系构建是不可或缺的三大支柱。它们共同为培养新时代农业人才、推动农业

现代化发展提供了坚实的基础和保障。

政策支持是耕读教育得以顺利推进的关键。各级政府应出台相关扶持政策，为耕读教育提供一定的政策支持。例如，可以设立专项基金，用于支持耕读教育项目的研发和实施，鼓励更多学校和教育机构参与其中。同时，政府可以通过制定税收减免、土地租赁优惠等政策措施，降低耕读教育的运营成本，提高其可持续发展能力。

社会参与则是耕读教育发展的重要补充。社会各界应积极响应政府号召，通过提供实践基地、资金支持等方式参与到耕读教育中来。企业可以开放农场、工厂等场所，为学生提供实地学习和实践的机会，帮助他们更好地了解现代农业技术和管理模式。社会组织和志愿者可以发挥自身优势，为耕读教育提供师资支持、活动策划等帮助，共同营造良好的教育氛围。

评价体系的构建对于确保耕读教育质量至关重要。对此，应建立一套科学、客观、全面的评价体系，定期对耕读教育进行评估和总结。这不仅可以及时发现和纠正教育过程中存在的问题和不足，还可以为教育模式的改进和完善提供有力依据。同时，通过举办成果展示、表彰奖励等活动，可以进一步激发学生的积极性和创造力，培养他们的团队协作精神和创新能力。只有集中政府、社会和教育机构等各方力量，形成合力，才能推动耕读教育不断向前发展，为培养更多具备现代农业知识和技能的新型人才贡献力量。

第四章　智慧农业与耕读教育的融合策略

第一节　智慧农业技术在耕读教育中的应用探索

一、智慧农业技术与耕读教育的融合背景、现状和趋势

（一）融合背景

在科技迅猛发展的当今时代，智慧农业技术与耕读教育的融合成为农业教育领域的新趋势。这一融合不仅是在技术进步的推动下产生的，也是农业教育自身创新发展的需求所致。

智慧农业技术通过运用大数据、物联网、人工智能等前沿科技，为农业生产提供了精准化、智能化的解决方案。这些技术的应用，显著提高了农业生产的效率和质量，为现代农业的可持续发展注入了新的活力。耕读教育作为一种传统的农业教育模式，强调实践与理论的有机结合，致力培养具备农耕技能和知识的新型人才。

智慧农业技术与耕读教育的融合，具有深远的意义。这种融合有助

于提升农业教育的信息化水平。借助智慧农业技术，农业教育可以更加高效、便捷地进行，教育资源可以得到更广泛的共享，从而推动农业教育的普及和提升。智慧农业技术的引入，也使耕读教育的内容更加丰富和生动。通过智能化的教学手段，可以让学生更加直观地了解农业生产的全过程，还可以激发他们的学习兴趣和积极性，从而提高教育效果。

这种融合还有助于培养具备创新精神和实践能力的新型农业人才。这些人才将成为推动农业现代化和乡村振兴的重要力量。

智慧农业技术与耕读教育的融合是时代发展的必然趋势。这种融合将为农业教育带来革命性的变革，为培养新型农业人才和推动农业现代化提供有力的支持。

（二）技术发展历程回顾

在科技飞速进步的当下，智慧农业技术经历了多个发展阶段，从初期的信息化探索到如今的智能化应用，每一步都体现了农业科技与现代信息技术的深度融合。

初期阶段，智慧农业技术的萌芽主要体现在农业信息化和数字化的推进上。这一阶段的核心是数据的收集与分析，通过构建农业信息系统，实现了对农田环境、作物生长等数据的有效监控和管理。这些数据为农业生产提供了科学决策的依据，帮助农民更好地掌握作物生长规律，优化农业资源配置。

随着技术的演进，智慧农业进入了发展阶段。物联网、传感器等先进技术的引入，使得农业生产实现了从"经验驱动"向"数据驱动"的转变。物联网技术让农田的每一株作物都能被实时监控，传感器则能够精确捕捉土壤湿度、温度、光照等关键环境参数。这些技术的应用，不仅提升了农业生产的效率，还大幅降低了因环境因素导致的生产风险。

到了成熟阶段，智慧农业技术展现出其在农业生产中的巨大潜力。这一阶段，人工智能技术开始在农业领域大放异彩。通过深度学习、图像识别等算法，农业机器人能够自主完成播种、施肥、除草、收割等复杂农作业任务。其还能够根据实时收集的数据，对农业生产过程进行动态调整，实现真正的精准农业。同时，智慧农业技术在教育领域的应用日益广泛，为培养新一代农业科技人才提供了有力支持。

智慧农业技术的发展历程是一个不断创新、不断超越的过程。从信息化到智能化，每一步都凝聚了无数科技工作者的智慧和汗水。展望未来，智慧农业将继续引领农业科技的发展潮流，为保障全球粮食安全、推动农业可持续发展贡献更多力量。

（三）教育融合现状与趋势

在当前的时代背景下，智慧农业技术与耕读教育的融合成为教育领域的新热点。这种融合不仅体现在技术层面的革新上，更体现在学习方式的转变上。

就融合现状而言，智慧农业技术已经渗透到耕读教育的各个环节中。通过引入先进的技术设备，如智能农业监控系统等，耕读教育得以突破传统模式的限制，实现教育效果的显著提升。这些技术设备的应用，不仅让学生更加直观地了解农业生产的全过程，还增强了他们的实践能力和创新意识。同时，智慧农业技术为教师提供了更丰富的教学资源和手段，使耕读教育更加生动有趣。

就融合趋势而言，未来智慧农业技术与耕读教育的结合将更加紧密和深入。随着技术的不断进步和人性化设计的加强，学习方式将变得更加多样化和个性化。例如，借助虚拟现实（VR）技术，学生可以身临其境地体验农业生产场景，从而更深入地理解农业知识。大数据和人工智能技术的应用将推动耕读教育向更高层次发展，实现精准教学和个性化学习。

值得注意的是，这种融合趋势还会对农业教育的创新和发展产生深远影响。随着越来越多的人才涌入农业领域，具备创新精神和实践能力的新型农业人才成为推动农业现代化建设的重要力量。因此，教师需要不断探索和完善智慧农业技术与耕读教育的融合路径，以培养出更多符合时代需求的高素质人才。

二、智慧农业技术在耕读教育中的应用环境

（一）教育政策环境

近年来，随着国家及地方政府对智慧农业技术推广和应用的高度重视，一系列旨在推动其发展的政策法规相继出台。这些政策法规不仅为智慧农业技术的创新与进步提供了坚实的政策支撑，更为其在耕读教育领域的融合应用创造了有利条件。具体而言，相关政策法规的实施，确保了智慧农业技术在教育领域的规范应用，促进了教育教学内容与现代农业科技的有机结合。

在教育资源配置方面，政府通过不断优化城乡教育资源分布，特别是加强农村学校基础设施建设，为智慧农业技术在耕读教育中的深入应用奠定了坚实的基础。这种均衡配置教育资源的策略不仅有效缩小了城乡教育差距，更为农村地区的学生提供了接触和学习现代农业科技的机会，从而培养他们的科学素养和实践能力。

同时，素质教育理念深入人心，为智慧农业技术在耕读教育中的融合应用开辟了新的空间。在强调学生创新能力和实践能力培养的教育背景下，智慧农业技术作为一种新兴的农业科技形态，其独特的科技魅力和实用价值，无疑为学生提供了更加广阔的学习和实践平台。通过这种融合应用，学生不仅能够更加直观地了解现代农业的生产方式和科技含量，更能够在亲身实践中培养解决问题的能力，提升个人的综合素质。

（二）技术资源环境

在智慧农业技术资源环境方面，当前呈现出积极的发展态势。智慧

农业技术体系涵盖物联网、大数据及人工智能等尖端科技，为耕读教育与现代科技的融合奠定了坚实基础。这些技术不仅提升了农业生产的智能化水平，也为耕读教育注入了新的活力。

随着科技的不断进步，新的技术成果和产品不断涌现，为耕读教育提供了更为丰富的教学资源和实践平台。例如，通过应用物联网技术，可以实时监测农田环境数据，帮助学生更直观地了解农作物生长条件；而大数据和人工智能技术的应用，能够分析预测农业生产趋势，提升耕读教育的科学性和前瞻性。

在技术推广与应用方面，政府、企业及高校等多方力量共同参与，形成了良好的合作氛围。通过举办各类培训班、研讨会等活动，智慧农业技术的影响力不断扩大。这些举措不仅提升了农业从业者的技能水平，也为耕读教育中的技术融合创造了有利条件。总体来看，智慧农业技术资源环境的发展为耕读教育提供了广阔的空间和无限的可能。

（三）实践应用环境

校企合作模式的推广与应用，为智慧农业技术的发展注入了新的活力。学校与企业之间紧密合作，可以使双方共享资源、优势互补，共同推动智慧农业技术的进步。通过校企合作，学校可以获得企业提供的先进技术和设备支持，企业则可以借助学校丰富的教学资源和科研力量，创新与推广智慧农业技术。

实践教学基地的建设，为学生提供了实地操作、亲身体验的机会。这些基地不仅配备了先进的智慧农业设备，还提供了丰富的实践教学课程，让学生在实践中掌握智慧农业技术。通过在实践教学基地的锻炼，学生能够更好地理解和运用智慧农业技术，为将来投身相关领域打下坚实的基础。

人才培养体系的完善，为智慧农业技术在耕读教育中的融合应用提供了人才保障。针对智慧农业技术的特点和需求，学校建立了完善的人才培养体系，注重培养学生的实践能力和创新精神。通过课程设置、实践教学、科研训练等方式，学校培养出一批具备智慧农业技术技能的高素质人才，为相关领域的发展提供了有力的人才支撑。

在校企合作模式、实践教学基地和人才培养体系的共同推动下，智慧农业技术在耕读教育中的融合应用取得了显著的成效。未来，学校将继续深化校企合作、加强实践教学基地建设、完善人才培养体系，为推动智慧农业技术的发展和普及贡献更多的力量。

三、智慧农业技术与耕读教育的融合策略

（一）需求分析：明确教育目标与技术定位

在耕读教育中，明确教育目标与技术定位是至关重要的一环。耕读教育旨在使学生具备全面的农业知识与技能，以及较高的实践创新能力和责任感。在此过程中，智慧农业技术发挥着不可或缺的作用。

在教育目标方面，耕读教育立足农业领域，致力培育出既懂农业技术又具备创新思维的新时代人才。这要求学生不仅掌握扎实的农业基础知识，还需具备将理论知识转化为实践能力的能力。同时，对农业发展的责任感与使命感是不可或缺的。通过系统的课程学习与实践活动，耕读教育致力塑造出具备综合素质的优秀农业人才。

在技术定位方面，智慧农业技术为耕读教育提供了有力的支持。通过利用现代信息技术和智能化手段，教师能够有效提高教育效率，优化学习体验，进而促进学生的全面发展。例如，借助智能教学系统，教师可以更精准地把握学生的学习进度与需求，实现个性化教学；同时，虚拟现实、远程实训等技术的运用，为学生提供了更为丰富多样的实践机会，有助于提升其实践创新能力。

总体而言，明确教育目标与技术定位是耕读教育发展的基石。

（二）资源整合：优化技术配置与教育利用

在资源整合的框架下，优化技术配置与教育利用显得尤为关键。技术配置作为提升教育效率和质量的重要手段，其核心在于根据教育需求，精准而合理地配置智慧农业技术资源。在这一过程中，不仅要确保技术的先进性和适用性，更要关注其与教育内容的深度融合，以实现技术资源的最大化利用。

教育利用则侧重教师智慧农业技术应用能力的提升。教师是技术转化为教育生产力的关键人物，其技术应用水平直接决定了技术在教育中的作用。因此，教师应通过专业培训和实际操作，不断增强自身对智慧农业技术的理解和应用能力。在此基础上，教师还需根据具体的教学内容和学生特点，灵活选择和应用恰当的技术手段，以激发学生的学习兴趣，提升教学效果。

值得注意的是，技术配置与教育利用的优化并非孤立存在，而是相互影响、相互促进的。合理的技术配置能够为教育利用提供有力支撑，而高效的教育利用又能进一步促进技术配置的完善和优化。这种良性互动关系不仅有助于提升教育的整体质量和效率，更有助于推动智慧农业技术持续创新和发展。

（三）创新实践：探索技术融合新教育模式

在当今教育信息化的大潮中，四川农业大学积极响应，通过线上线下融合与实践教学结合两大策略，深入探索技术融合新教育模式，以期提升教育质量，培养更多具备实践创新能力的农业人才。

在线上线下融合方面，学校充分利用智慧农业技术的优势，打造了沉浸式、互动式的学习环境。通过结合线上丰富的教育资源和线下实体的教学场景，学生能够在任何时间、任何地点进行自主学习，同时能及时获得教师的指导和反馈。这种教育模式不仅提高了教育的趣味性和灵活性，也大大激发了学生的学习热情和主动性。

在实践教学结合方面，四川农业大学更是独树一帜。学校借助智慧农业技术，模拟出真实的农业场景，让学生在实践中掌握农业知识和技能。通过这种实战演练，学生不仅能够深入理解农业生产的各个环节，还能在模拟环境中锻炼解决实际问题的能力。这种以实践为导向的教学模式大大提高了学生的实践创新能力，为他们未来投身农业现代化建设奠定了坚实的基础。

（四）评估反馈：教育效果评估与技术提升

该部分着重强调了教育效果评估与技术提升的重要性。对于耕读教育而言，定期的效果评估不仅能够全面反映学生在知识、技能及态度层面的成长情况，更是优化教学方法、调整教育内容的关键依据。通过科学、系统的评估机制，教师能够及时发现教育过程中的短板与不足，从而确保教育质量的持续提升。

与此同时，技术的不断进步为耕读教育带来了新的发展机遇。智慧农业技术的深入应用，不仅提高了农业生产的效率与效益，也为教育领域注入了新的活力。根据教育实践的反馈，学校需要持续对智慧农业技术进行升级和优化，使其更加贴合教育实际需求。提升教师的技术应用能力同样至关重要。通过定期的技术培训与交流活动，学校可以帮助教师更好地掌握先进技术，从而提升他们在教育教学中的创新能力与实践能力。

教育效果评估与技术提升是相辅相成、互为支撑的两个方面。通过不断深化评估机制、加大技术研发投入与培训力度，可以使耕读教育在新时代背景下实现更高质量的发展。

第二节　综合教学实践与校企合作模式

一、课程设置与教学内容改革

在智慧农业与耕读教育融合的背景下，课程设置与教学内容改革显得尤为重要。为确保学生全面掌握农业知识体系，学校可有针对性地开设涵盖农业技术、农业信息化及农业经济管理的课程。这些课程不仅涉及传统农业知识，更加入现代农业科技的内容，如智能农业装备的使用、农业大数据的分析与应用等，从而使学生具备应对未来农业挑战的能力。

在教学内容改革中，要注重教学内容的时效性。随着科技的不断进步，智慧农业技术日新月异。为确保学生所学知识的前沿性和实用性，学校需要定期更新教学内容，及时将最新的智慧农业技术成果和耕读教育理念融入课堂。例如，通过引入农业物联网等领域的最新研究成果，使学生能够接触到行业发展的最新动态。

跨学科融合教学成为提升学生综合能力的关键。学校应打破传统学科的界限，将农业科学、信息技术、工程管理等知识相互融合，培养学生对复杂农业问题进行综合分析和解决问题的能力。通过这种融合教学，学生不仅能够掌握扎实的专业知识，更能够在面对实际问题时灵活运用所学知识，提出创新性的解决方案。

二、校内实训基地建设与运营管理

在校内实训基地的建设过程中，必须充分考虑其实用性和前瞻性。以智慧农业示范园为例，该类型的实训基地集成了现代农业技术，旨在为学生提供与现代农业接触的机会。如同 A+ 温室工场那样，通过布局不同的功能区，如植物工厂、育苗工厂等，学生能够亲身参与选种、育苗、生产、装备操作、过程管理等全产业链的各个环节，从而加深对现代农业的理解与提高实操能力。

为确保实训基地高效运行，要实行规范化管理。制定一套完善的实训基地管理制度和操作规程是必要的，其包括设备使用规定、安全操作规范、应急预案等内容。此类规程的制定不仅能保障基地的有序运行，还能确保学生在实践过程中的安全，并为他们日后投身职场奠定良好的基础。

在基地运营方面，市场化运营模式的引入能够为实训基地的可持续发展提供动力。学校可以借鉴绵阳市公共实训基地的"主基地＋分基地＋行业基地"的运营模式，通过与企业合作，接受市场检验，这样不仅能为实训基地带来经济效益，还能为学生提供更加真实的职业环境，增强他们的职业素养和实战能力。同时，这种模式还有助于基地不断更新设备与技术，保持与行业发展同步。

校内实训基地建设与运营管理是一个综合性的系统工程，需要学校在功能性、规范化和市场化运营等多个维度进行深入的思考与实践，以确保其真正服务于学生的全面发展，并为他们未来的职业发展奠定坚实的基础。

三、校企合作开展实习实训活动

在当今社会，校企合作成为职业教育的重要组成部分。通过深度合作，学校与企业能够共同培养出既具备理论知识又有实践经验的高素质人才。这种合作模式不仅有利于学生的全面发展，还为企业提供了源源不断的人才储备。

校企合作模式正在不断创新，如通过共建实训基地、联合培养人才等方式，加强了学校与企业之间的联系。这些创新模式能够让学生在校期间就接触到实际的工作环境，从而更好地将理论知识与实践相结合。例如，在某些地区，学校与企业共同建立了实训基地，为学生提供真实的职业环境，使其在实践中学习、在学习中实践。

实习实训内容的丰富化也是校企合作的一个重要方面。企业提供的实习内容涵盖多个领域，如智慧农业技术应用、农业经济管理等，以确保学生在实习期间能够得到全面的锻炼。这不仅有助于提升学生的专业技能，还能培养其解决实际问题的能力。在某些案例中，学生通过参与企业的实际项目，不仅应用了所学知识，还为企业带来了实质性的帮助。

校企合作实现了双方的共赢。企业通过参与学校的人才培养过程，能够提前发现和培养符合自身需求的人才，降低人才招聘和培养的成本。学校通过企业的实践平台，可增强学生的实践能力，提高其就业竞争力。这种合作模式不仅有利于学生的个人发展，还对社会的经济发展和产业升级产生积极的推动作用。例如，在某些合作项目中，学生毕业后直接进入合作企业工作，实现了学以致用的目标，也为企业注入了新的活力。

校企合作开展实习实训活动是一种有效的教育模式，它不仅能提升学生的实践能力，还能为企业提供优质的人才资源。这种模式的推广和应用，将对职业教育的发展产生深远的影响。

第三节　实验农场与数字农田：新农科教育的平台建设

一、新农科教育平台需求分析

（一）教育教学需求

在教育教学领域，新农科教育平台的建设必须紧密围绕学生学习需求、实践教学需求以及师生互动需求展开。

对于学生学习需求而言，平台应提供全面且深入的课程资源。这不仅包括基础的理论知识，如农业科学技术的基本原理和概念，还应涵盖实践技能的培养，如现代农业技术应用技能。同时，通过案例分析，学生可以接触到真实的农业问题，学习如何运用所学知识解决实际问题，从而加深对知识的理解。

对于实践教学需求而言，平台应着重构建完善的实践教学体系。实验环节可以帮助学生验证理论知识，培养科学精神和动手能力；实训环节则能够模拟真实的工作环境，提升学生的职业技能和团队协作能力；实习环节更是学生接触社会、了解行业的重要窗口，通过亲身参与农业生产与管理，学生能够更好地将理论与实践相结合，为未来的职业发展打下坚实的基础。

对于师生互动需求而言，平台应打造便捷高效的交流互动平台。例如，在线答疑功能可以及时解决学生在学习过程中遇到的问题，避免问题积压影响学习效果。通过这些互动机制，教师能够更好地了解学生的学习动态和需求，从而调整教学策略，提升教学质量。

（二）科研实验需求

在推动新农科教育发展的过程中，科研实验需求占据着举足轻重的地位。科研实验不仅关乎农业技术的创新，更是培养农业人才、提升学术水平的关键环节。因此，在构建新农科教育平台时，必须充分考虑科研实验的全方位需求。

科研项目管理是新农科教育不可或缺的一环。平台应提供从项目申请到审批，再到结题的全流程管理功能。这有助于确保科研项目的规范运作，提高项目执行效率，同时为科研人员提供便捷、高效的工作环境。通过项目管理功能的完善，可以有效推动农业科研项目顺利开展，进而促进农业科技的进步。

实验设施的完备性对于科研实验至关重要。平台需提供先进的实验室及仪器设备，并进行在线预约和使用管理。这不仅能够保障科研实验顺利进行，还能最大化提高实验资源的利用效率。通过引入智能化管理手段，如物联网技术，可以实时监控实验设施的使用状态，为科研人员提供更加精准、个性化的服务。

科研成果展示是激发科研动力、促进学术交流的重要手段。平台应建立专门的科研成果展示区，用于展示师生的最新科研成果和学术进展。这不仅可以彰显科研团队的实力和水平，还能吸引更多同行关注和合作。通过成果展示，可以搭建起一个开放、共享的学术交流平台，推动农业科技的创新与发展。

（三）社会服务需求

当前，农业领域急需具备农科知识和管理技能的复合型人才。新农科教育平台应构建完善的课程体系，如"通识、大类、专业"三层次结构，其以创新的教学模式，如大课制改革，推动农工、农理、农文、农医深度交叉融合。同时，平台还需关注研究生培养方案的修订，通过优化课程体系、提升课程质量、加强环节质量监控等措施，确保培养出高质量的农业人才。这些人才将成为推动农业产业发展的重要力量，为农业现代化提供坚实的人才支撑。

农业技术的推广和应用是提高农业生产效率、促进农民增收的关键。新农科教育平台应充分利用其资源优势，将先进的农业技术和经验推广到广大农民中。例如，通过建立全产业链大数据应用服务平台，打通水稻生产、储备、市场、贸易、消费、科技等各环节，为农民提供全方位的技术支持和服务。这种技术推广模式不仅能够帮助农民解决实际问题，还能提升他们的科技素养，为农业生产水平的持续提升奠定坚实基础。平台应通过与政府、企业等各方紧密合作，提供有针对性的咨询和建议，推动农业产业可持续发展。同时，平台还应积极参与国际交流与合作，如建立"中非科技小院"等项目，培养具有国际视野的农业人才，为全球农业的发展贡献力量。通过这些举措，新农科教育平台将更好地服务于农业产业的发展，为实现农业现代化作出积极贡献。

（四）平台功能需求

在推进农业现代化建设的过程中，新农科教育平台的功能需求日益凸显。通过资源整合，可实现资源共享与优势互补，进而提升教育教学的质量与效率。同时，平台应融合线上与线下教学方式，打造混合式教学体验。这种教学模式能够满足不同学生的学习需求，促进学生个性化发展，并有效推动教育教学的创新与变革。数据分析和挖掘功能在新农科教育平台中占据重要地位。该功能能够收集并分析用户行为数据和学习成果数据，为教育教学提供精准反馈，为科研提供有力支持。通过深入挖掘数据价值，平台可助力教育者更好地了解学生的学习状态，优化教学方法，进而推动新农科教育持续发展与进步。

二、新农科教育平台架构设计

（一）整体架构设计思路

新农科教育平台通过引入云计算、大数据、物联网等先进的信息技术手段，对农业教育的各个环节进行数字化改造，从而提升教育质量和效率。这不仅可以实时收集和分析农业生产数据，为农业生产提供科学指导，还能通过在线教育平台，使农业知识和技能的传播更加广泛和便捷。

同时，架构设计还强调跨界整合的能力，以打破行业壁垒，汇聚农业、教育、科技等多领域的优质资源。通过与科研机构、高等院校、农业企业等多方进行合作，共同推动新农科教育内容的创新和教学方法的改进，从而实现协同创新的效应。

在用户体验方面，应以农业从业者的实际需求为导向，设计简洁、直观的用户界面，提供个性化的学习路径和丰富多样的学习资源。通过优化用户操作流程、完善用户反馈机制等方式，不断提高用户的满意度，使新农科教育真正贴近用户、服务于用户。

整体架构设计思路是通过信息化手段提升农业教育水平，促进跨界整合与协同创新，优化用户体验，为新农科教育的发展注入新的活力。

（二）关键技术的选型与应用

在智慧农业的发展浪潮中，关键技术的选型与应用显得尤为重要。物联网技术在农业领域的应用，实现了农业设施的智能化管控与农业资源的精准配置。通过部署传感器、执行器等设备，能够实时监测土壤湿度、温度、光照等环境参数，并根据作物生长需求进行智能调节。这不仅提高了水肥利用效率，减少了环境污染，还显著提升了农业生产的精细化水平。

大数据分析技术在农业领域同样不可或缺。通过大数据分析技术，可以对农业生产过程中产生的海量数据进行深入挖掘和预测分析。例如，通过对历史气象数据、土壤数据以及作物生长数据的综合分析，可以为农民提供更加精准的种植建议和病虫害预警，从而降低生产风险，提升农产品的产量和质量。

虚拟现实技术的引入为农业教育培训注入了新的活力。通过构建逼真的虚拟农业场景，学习者可以在沉浸式的环境中体验农业生产的全过程，从而更加直观地了解作物生长规律、农业技术操作要点等知识。这种创新的学习方式不仅增强了学习效果，还有助于培养更多具备专业技能的新型农业人才。

物联网技术、大数据分析技术以及虚拟现实技术在智慧农业中的应用，推动了农业生产方式的转型升级，为农业可持续发展注入了强劲动力。

（三）数据安全与隐私保护策略的制定和实施

数据加密与安全传输是保障数据安全的首要环节。数据加密技术能够对敏感数据进行有效的保护，即使数据在传输过程中被截获，也难以被解密和滥用。通过采用先进的加密算法和安全协议，可以确保数据在传输过程中的安全性，从而有效防止数据泄露和被盗用。定期更新和升级加密技术也是必不可少的，以应对不断变化的网络安全威胁。

访问控制与权限管理是另一个重要的安全策略。通过实施严格的访问控制和权限管理制度，可以确保用户只能访问其被授权的数据和资源。这种措施不仅可以防止未经授权的访问，还能有效避免数据被误操作或恶意篡改。在实施访问控制和权限管理时，需要综合考虑用户的角色、职责和需求，以制定合理的权限分配策略。

隐私保护与合规性是当前社会普遍关注的问题。在处理和存储用户信息时，必须严格遵循相关法律法规和政策规定，确保用户信息的合法性和合规性。同时，为了加强用户隐私保护，还需要建立有效的隐私保护机制，对用户信息进行严格的保护和管理。这包括但不限于采用匿名化、伪匿名化等技术手段来降低用户信息的可识别性，以及通过定期进行隐私风险评估和漏洞扫描来及时发现和解决潜在的安全隐患。

数据安全与隐私保护策略的制定和实施是一项系统工程，需要综合考虑技术、管理和法律等多个方面的因素。只有建立起完善的安全防护体系，才能有效地保护数据，进而维护用户的合法权益和保护企业的商业机密。

三、实验农场与数字农田融合实施路径

（一）资源整合与优化配置方案

在推进实验农场与数字农田融合发展的过程中，资源整合与优化配

置成为关键一环。本方案致力构建一个高效、协同的资源管理体系，以确保资源的最大化利用和工作的顺畅进行。

在资源整合方面，应全面梳理实验农场与数字农田的现有资源，如土地资源、农机设备、技术人员等。通过搭建资源共享平台，实现各类资源的互联互通和优势互补。例如，实验农场的丰富土地资源可以与数字农田的先进信息技术相结合，共同打造智慧农业示范区。同时，应积极推动人员交流与技术合作，促进双方资源的深度融合。

在资源优化配置方面，应根据实验农场与数字农田的实际需求和发展战略，制订科学合理的资源配置计划。通过精准匹配资源与工作需求，确保农业科研和生产活动顺利进行。此外，还应建立动态调整机制，根据实际情况及时调整资源配置计划，以适应不断变化的市场环境和技术发展趋势。

为了实现资源整合与配置的信息化，应充分利用现代信息技术手段，如物联网、大数据等，构建智能化的资源管理平台。通过实时监测资源状态和使用情况，实现资源的精准调度和高效利用。同时，借助信息化手段，可以更加便捷地进行资源数据分析与决策支持，为实验农场与数字农田的持续发展提供有力保障。

（二）智能化管理与服务体系建设

在现代农业发展的过程中，智能化管理与服务体系建设显得尤为重要。以江苏省为例，该省在广阔田野中积极推行农业数字化革命，通过引入智能化管理系统，对实验农场与数字农田进行精准高效的实时监测和管理。无人机、传感器等先进技术的运用，不仅大幅提升了管理效率，还为农作物生长提供了最佳环境。

在智能化管理的基础上，要建立完善的服务体系。这包括为农户和科研机构提供技术咨询、专业培训以及市场营销等全方位服务。通过搭建这样的服务平台，能够确保农业生产者在技术更新和市场变化中始终保持领先地位，也为科研成果的转化和应用提供了有力支撑。

更为关键的是，智能化管理与服务体系的深度融合，形成了一种全新的、一体化的管理服务模式。这种模式将技术与管理、服务与创新紧密结合，不仅提高服务的质量和效率，还推动整个农业产业持续升级和发展。在这种模式下，农业生产变得更加智能、高效和可持续，为农民带来了更加丰厚的收益，也为保障国家粮食安全贡献了重要力量。

（三）人才培训与激励机制设计

在人才培养方面，需要制定有效的人才培养方案。

在激励机制设计方面，需要构建多元化的激励体系。薪酬激励作为基础，应确保公平合理，与个人的工作绩效和贡献紧密挂钩。晋升激励则通过设立清晰的职业发展路径，让人员看到自己在组织中的未来，从而激发职业动力。此外，荣誉激励也不容忽视，通过表彰优秀个人和团队，不仅可以增强员工的归属感，还能在团队内部形成积极向上的氛围。

更为重要的是，人才培训与激励机制需要相互协同，形成合力。培训内容应与激励机制中的评价标准相一致，这样员工在培训中所学的知识和技能才能在实际工作中得到应用和认可。同时，激励机制应根据培训效果的反馈进行动态调整，以确保其持续有效地促进员工的学习和成长。通过这种协同作用，可以推动实验农场与数字农田实现更为稳健和长远的发展。

四、新农科教育平台功能实现与测试

（一）核心功能模块开发与实现

在全国高等教育机构农学专业在校生数量保持稳定的情况下，农业科技的快速发展对农业现代化起到了关键作用。本部分将详细阐述几个核心功能模块的开发与实现，这些模块对于提升农业生产效率、优化资源配置以及推动农业可持续发展具有重要意义。

农作物生长监测模块的实现，依赖于先进的传感器技术。通过实时监测温度、湿度、光照等关键生长参数，该模块能够为农民提供精确的数据支持，帮助他们更好地了解农作物的生长状况，从而作出科学的管理决策。

智能灌溉管理模块则通过智能感应和控制系统，根据农作物的实际需求和土壤状况，自动调整灌溉量和频率。这不仅能够实现节水灌溉，提高水资源利用效率，还能确保农作物在关键生长阶段得到充足的水分供应。

农产品质量控制模块通过检测农产品的品质、外观和重量等参数，确保农产品符合市场准入标准和消费者的期望。这有助于提升农产品的市场竞争力，保障农民的经济利益。

农业知识普及模块致力提供丰富的农业知识资源，如种植技术、病虫害防治等方面的信息。通过这一模块，农民可以方便地获取到最新的农业科技信息和实用的农业生产技巧，为他们的学习和发展提供有力支持。

这些核心功能模块的开发与实现，为农业生产带来革命性的变化，推动农业向更加智能化、高效化和可持续化的方向发展。

（二）系统集成与联调测试

在农业信息化的推进过程中，软硬件的集成成为关键技术之一。通过集成传感器、控制器以及通信模块等硬件设备，并与软件系统进行深度融合，可以构建起一个高效、稳定的农业信息平台。在这一过程中，确保各项功能正常运作是至关重要的，这不仅关系到信息的准确采集，还直接影响到后续的数据处理和应用效果。

功能测试作为系统集成的重要环节，其目的在于验证各个功能模块的性能是否达到预期。这包括对测试数据的准确性和可靠性进行评估，确保数据能够真实反映农田的实际情况；同时，还要对功能实现的完整性和稳定性进行考查，以保证系统在实际应用中能够持续、稳定地提供服务。

联调测试则是对整个系统进行全面的检验和优化。这一过程旨在确保系统在实际运行中能够实现整体功能的最大化，从而提升农业生产的智能化水平。通过联调测试，可以进一步优化系统的性能，提高其对复杂农田环境的适应能力，为现代农业的发展提供有力支持。

（三）用户反馈及持续改进计划

在平台运营过程中要了解用户反馈的重要性，它不仅能帮助相关人员及时发现问题，还能为平台的改进和优化提供有力的指引。因此，相关人员可建立一套完善的用户反馈收集与分析机制，以确保平台能够持续满足用户需求，提升用户体验。

通过多元化的渠道收集用户反馈是相关人员工作的首要环节。相关人员可设计详尽的用户调查问卷，定期向用户发放，以获取他们对平台功能、操作便捷性、界面设计等方面的直观感受和建议。同时，相关人员可开通在线反馈渠道，鼓励用户在遇到问题时随时向其反馈。这些举措帮助相关人员收集到了大量真实、有价值的用户意见。

对用户反馈进行深入分析并制定改进措施是相关人员工作的核心。对此，可设立专门的分析团队，对用户反馈进行细致的分类和整理，提炼出关键问题和改进点。在此基础上，制定具体的改进措施，并明确实施时间和责任人，确保每一个问题都能得到妥善解决。

持续优化更新平台功能是相关人员不懈的追求。只有不断适应市场和用户需求的变化，平台才能保持竞争力。因此，相关人员可根据用户反馈和市场调研结果，定期对平台功能进行更新和升级。这不仅包括修复已知的问题和漏洞，还包括增加新功能、优化操作流程等，旨在提升平台的易用性和实用性。

相关人员将用户反馈视为平台改进的重要驱动力，通过收集、分析和应对反馈，不断推动平台优化和发展。而且，只有紧密围绕用户需求进行持续改进，平台才能在激烈的市场竞争中脱颖而出，赢得用户的信赖和喜爱。

五、新农科教育平台应用效果评估

（一）教育教学效果提升情况分析

在教育教学效果方面，新农科教育平台通过一系列创新举措，显著提升了学生对农业科学知识的兴趣和学习积极性，优化了教学质量，进而提高了人才培养质量。

具体而言，平台引入实验农场与数字农田融合的教育模式，使学生能够亲身参与农业实践活动，直观感受农业科学的魅力。这种模式不仅增强了学生的学习动力，还培养了他们的实践操作能力和科研创新精神。同时，平台提供丰富的农业科学资源和先进的实验设备，为教师创造了良好的教学环境，有助于提高教学效果，确保学生全面、深入地掌握农业科学知识。

新农科教育平台还通过修订研究生培养方案，实施一级学科修订、调整课程结构、优化课程体系等举措，进一步提升了教育教学的系统性和前瞻性。这些措施不仅使学生能够接触到最前沿的农业科学研究成果，还培养了他们的跨学科思维能力和综合解决问题的能力。

新农科教育平台在教育教学效果提升方面取得了显著成效，为学生提供了优质的教育资源和学习环境，为培养高素质农业人才奠定了坚实的基础。

（二）科研实验能力增强成果展示

在科研实验条件方面，通过深度融合实验农场与数字农田的教育模式，为师生提供了前所未有的优越环境。这不仅包括尖端的实验设备，确保科研活动的精准度和高效率，还涵盖丰富的实验材料，以满足多样化的研究需求。同时，着力打造优质的实验环境，为科研人员提供稳定且舒适的工作空间，从而激发他们的创新潜能。

随着科研实验条件的显著改善，师生的科研实验能力也得到了显著提升。在教育平台上，鼓励并引导师生进行大量的科研实验，通过实践来锻炼和提高他们的研究能力。这种以实践为导向的教育模式不仅加深了师生对农业科学知识的理解，更培养了他们独立开展科研工作的能力。

新农科教育平台还促进了科研成果的转化应用。通过与农业产业的紧密合作，将师生的科研成果迅速转化为实际生产力，应用于农业生产实践中。这不仅验证了科研成果的实用性和有效性，更为农业产业的创新和发展注入了新的活力。这种科研与产业的良性互动，有助于推动我国农业向现代化、高效化方向发展。

（三）社会服务价值体现及影响力评价

新农科教育平台在社会服务领域的价值主要表现在其对农业科学知识的推广、农业创新能力的提升以及产生的深远社会影响上。

在推广农业科学知识方面，该平台积极作为，不仅将最新的农业科研成果和技术传递给广大农业从业者，还通过多元化的教育形式，提升公众对农业科学的兴趣和认知。例如，通过在线教育课程、实地示范、科技讲座等多种方式，平台成功地将复杂的农业科学知识转化为易于理解和应用的信息，有效促进了农业科学的普及和发展。

在提升农业创新能力方面，新农科教育平台发挥着不可替代的作用。平台通过系统的农业教育培训，培养出一大批具备创新精神和实践能力的农业人才。这些人才在农业生产、科研、技术推广等领域发挥着重要作用，为农业创新提供了源源不断的动力。平台还通过与科研机构、高校等合作，共同推动农业科技创新成果转化和应用，进一步提升了农业的整体创新能力。

新农科教育平台的应用效果也得到了社会的广泛认可，产生了显著的社会影响力。平台通过提供高质量的农业教育服务，帮助众多农业从业者和农村地区提升了农业生产效率和经济效益，有效推动了农业教育的创新和发展。同时，平台还激发了更多年轻人投身农业的热情和信心，为农业的可持续发展注入了新的活力。

新农科教育平台在社会服务领域展现出显著的价值和影响力，为推动农业科学的发展、提升农业创新能力以及促进农业教育的创新与发展作出了重要贡献。

第五章　新农科人才的培养模式

第一节　创新思维、实践能力与管理决策能力的培养

一、创新思维

（一）创新思维的定义与特点

创新思维作为人类思维活动的高级形态，其核心在于能够突破既有的思维框架，探索前所未有的问题解决方案或目标实现路径。这种思维方式不仅要求个体具备深厚的知识储备和丰富的实践经验，更需要其拥有敢于挑战现状、勇于求新求变的精神品质。

深入分析创新思维的特点，人们不难发现，独特性、创造性和突破性构成了这一思维方式的三大支柱。独特性体现为创新思维能够打破常规，提出与众不同的见解和主张；创造性则表现为在解决问题时能够运用新颖的方法，产生具有原创性的成果；突破性则是指创新思维能够突破现有的知识边界和认知局限，推动学科领域的发展。

在生产实践中，创新思维是驱动生产力发展的关键因素。无论是技

术革新、管理优化还是制度创新，都离不开创新思维的引领和推动。特别是在当今这个知识爆炸、科技日新月异的时代，创新思维的重要性更是日益凸显。它不仅能够激发人们的创造潜能，为社会发展提供源源不断的动力，更是推动人类文明不断向前迈进的重要力量。

同时，创新思维的培养和发展离不开教育体系的支撑。高等学校作为人才培养的摇篮，更应积极关注学生的创新思维培养。通过优化课程设置、丰富实践环节、营造良好的创新氛围等措施，激发学生的创新意识，培养其创新思维和创新能力，从而为社会输送更多具备创新精神和实践能力的高素质人才。

（二）新农科领域创新思维的体现

在新农科领域，创新思维的体现尤为关键，它涉及农业科技、管理以及政策等多个维度的革新。

农业科技的创新是新农科发展的核心驱动力。面对农业生产中的诸多挑战，如资源限制、环境压力及市场需求变化，新农科人才需具备科技创新能力。这意味着他们能够针对具体问题，提出并实施创新的科技解决方案，如应用智能农业技术提高生产效率，或开发新型生物农药来减少环境污染。这些创新举措不仅有助于提升农业的整体竞争力，还能为农民带来实实在在的利益。

农业管理的创新同样不可忽视。随着农业现代化的推进，传统的管理模式已难以适应新形势下的需求。因此，新农科人才需要在管理理念和方法上进行创新。他们应致力打破僵化的管理框架，构建更为高效、灵活且可持续的管理体系。例如，通过引入先进的农业信息管理系统，实现数据的精准分析和资源的优化配置，从而提高农业管理的科学性和效率。

在农业政策方面，创新同样至关重要。新农科人才应具备深厚的政策素养和创新思维，能够针对农业发展的现状和未来趋势，提出富有前瞻性和实效性的政策建议。这些政策创新旨在解决农业发展中的根本性问题，如土地资源的合理利用、农民收入的稳定增长以及生态环境的长期保护等。

（三）创新思维培养策略与方法

在新农科领域，创新思维的培养至关重要，它不仅是推动农业科技发展的核心动力，也是培养新时代农业人才的关键所在。针对创新思维的培养，可采用以下策略与方法。

激发好奇心与探究欲是创新思维培养的基石。新农科领域涉及众多前沿科技与复杂问题，这要求学生具备强烈的好奇心和探究欲。教师通过创设与农业科技相关的问题情境，引导学生主动发现问题、提出问题，并进一步开展探究性学习。例如，在农业智能装备的研发过程中，教师可以设置关于装备性能优化、成本控制等问题，鼓励学生通过自主研究、团队协作寻找解决方案，从而培养其创新意识和创新精神。

跨界融合与交叉思维对于新农科的创新发展具有重要意义。随着科技的进步，农业与多个领域产生深度融合，如信息技术、生物技术、环境科学等。因此，培养学生具备跨界融合的能力与交叉思维显得尤为重要。通过开设跨学科课程、邀请多领域专家举办讲座等方式，引导学生打破学科界限，融合不同领域的知识和方法，为解决新农科领域的复杂问题提供创新的思路和方法。

实践训练与案例分析是提升学生创新能力和实践水平的有效途径。在新农科领域，实践是检验理论知识的唯一标准，也是培养学生实际操作能力和创新思维的重要环节。通过组织学生参与农业科技项目、实习实训等活动，让其亲身感受农业科技创新的全过程，从而培养其解决实际问题的能力。同时，结合典型案例进行分析与讨论，引导学生深入剖析案例中的创新点、成功经验及存在的问题，为其未来的创新实践提供借鉴与参考。

通过激发好奇心与探究欲、培养跨界融合的能力与交叉思维以及加强实践训练与案例分析等策略与方法的应用，可以有效培养新农科专业学生的创新思维，为推动农业科技的创新发展和人才培养提供有力支持。

二、实践能力

（一）实践能力的内涵与要求

实践能力作为学生综合素质的重要一环，是指学生在现实环境中利用所学知识有效解决问题、顺利完成任务的能力。它涵盖动手操作、实验设计与社会实践等多个层面，是学生将理论知识转化为实际应用的关键。

在新农科人才培养的语境下，实践能力尤为重要。学生需要具备独立分析能力以及团队协作能力，以应对不断变化的工作环境与挑战。这要求教育模式着重于提供实践机会，让学生在真实或模拟的情境中锻炼这些能力。

实践能力与人才培养之间有着密不可分的关系。它不仅是衡量教育质量的重要指标，更直接关系到学生未来的职业发展和社会适应能力。因此，教育机构和企业应共同努力，通过校企合作、实习实训等方式，切实加强学生的实践能力培养。这种将课堂知识与实际工作相结合的教学方式，对于提升学生的实践能力具有显著效果。同时，校企共同培养学生的模式体现了双方对实践能力的高度重视，通过资源共享和优势互补，共同推进实践教育的深入发展。

（二）校内外实践教学资源整合

实践教学是培养学生实践能力的关键方式，资源的有效整合则是提升实践教学质量的重要保障。校内外实践教学资源的整合，旨在打破传统教学的界限，充分利用各类资源，为学生提供更为广阔的学习空间和更加丰富的实践机会。

校内实践教学资源主要包括实验室、实训基地以及科研团队。实验室作为科学研究和技术创新的重要场所，为学生提供了亲手操作、探究科学问题的机会。实训基地则模拟真实的工作环境，使学生在校内就能接触到职业岗位的实际操作。科研团队则汇聚了众多专家学者，他们的研究成果和学术活动为学生提供了丰富的知识资源和良好的学术氛围。

校外实践教学资源则涵盖企业、农场以及政府部门等。企业作为市场经济的主体，其运营模式和业务流程是学生了解行业动态、把握市场脉搏的重要窗口。农场作为农业生产的现场，可以让学生亲身体验农业生产的全过程，加深其对农业知识的理解和应用。政府部门则承担着社会管理和公共服务的职能，通过参与政府部门的实习活动，学生可以更深入地了解社会运行机制，培养社会责任感。

在资源整合策略方面，校企合作和产学研结合是两种有效的模式。校企合作可以实现学校与企业之间的优势互补，学校提供人才和技术支持，企业则提供实践平台和市场资源。产学研结合则更注重科研成果的转化和应用，通过学校、企业和科研机构之间的紧密合作，推动科技创新和产业升级。这两种模式都有助于提升实践教学的质量和水平，为学生的全面发展提供有力支撑。

三、管理决策能力

（一）管理决策能力的核心因素

在管理领域中，决策能力的高低往往关乎着组织的成败。深入探讨管理决策能力的核心因素，对于提升管理效能、引导组织走向成功具有重要意义。

决策分析能力是基石。在复杂多变的市场环境中，管理者需要具备敏锐的洞察力和精准的分析能力。这涵盖从海量数据中提炼有效信息，预测行业趋势，以及全面评估决策可能带来的风险与收益。例如，姚期智教授在创办"姚班"、量子信息班等高端人才培养项目时，会进行深入的市场需求分析和前景预测，这正是决策分析能力的体现。

战略管理能力不可或缺。战略管理要求管理者站在全局高度，规划组织的长期发展路径。这包括明确市场定位，制定竞争策略，以及优化资源配置。姚期智教授推动成立清华大学交叉信息研究院和量子信息中心，不仅彰显了其战略眼光，更是对战略管理能力的实际运用。

风险管理能力保驾护航。任何决策都伴随着风险，管理者必须学会在风险与收益之间找到平衡点。这需要建立完善的风险识别、评估和应对机制，以确保组织在遭遇不确定因素时能够迅速作出反应，降低损失。姚期智教授在担任清华大学人工智能学院院长期间，面对新兴领域的诸多不确定性，无疑需要强大的风险管理能力来保障学院的稳健发展。

决策分析能力、战略管理能力和风险管理能力共同构成了管理决策能力的核心因素。这些因素相互支撑、相辅相成，共同助力管理者在复杂多变的环境中作出科学、合理的决策。

（二）管理决策课程体系建设

实践教学与案例分析是管理决策课程体系中不可或缺的一环。通过引入真实的商业案例和模拟决策场景，学生能够在教师的引导下，运用所学知识进行实际操作，从而加深对管理理论的理解，并提升解决实际问题的能力。这种以实践为导向的教学方法不仅能够激发学生的学习兴趣和主动性，还能够有效培养他们的创新思维和批判性思考能力。

跨学科融合与渗透也是管理决策课程体系建设的重要方向。在当今复杂多变的商业环境中，单一学科的知识已经难以满足解决实际问题的需要。因此，打破学科壁垒，促进不同学科之间的融合与渗透显得尤为重要。通过跨学科课程的设计和实施，可以让学生接触到多元化的知识体系和思维方式，从而培养他们的跨学科思维和能力。这有助于学生在面对复杂决策问题时，能够从多个角度进行全面分析，并提出富有洞察力的解决方案。

（三）管理决策实践平台搭建

在管理决策实践平台的搭建过程中，校内实践平台、校外实践基地以及线上线下相结合的实践模式均扮演着重要的角色。

校内实践平台的建立，为学生提供了安全、便捷的实践环境。这些平台包括模拟实验室和创业中心等，它们以模拟真实场景为基础，让学生在低风险的环境中进行决策实践。模拟实验室通过模拟企业运营等情境，使学生能够亲身体验并学习到管理决策的实际操作。创业中心则提供创业指导、项目孵化等服务，鼓励学生在实践中探索和创新，从而培养其管理决策能力。校内实践平台的优势在于其可控性和便捷性，学校可以根据自身的教学目标和资源情况，灵活调整实践内容和方式，以达到最佳的教学效果。

校外实践基地的建设是与真实社会环境的直接对接。通过与企业、政府部门等机构的合作，学校可以为学生提供真实的决策环境，让他们在实际工作中锻炼管理决策能力。这种实践方式不仅能够让学生接触到最新的行业动态和市场需求，还能够培养他们的团队协作能力和解决实际问题的能力。校外实践基地的另一个重要作用是建立学校与社会的联系桥梁，促进教育资源的共享和优化配置。

线上线下相结合的实践模式是利用现代信息技术手段，打破时间和空间的限制，为学生提供更加丰富、灵活的实践方式和资源。线上平台可以提供虚拟实践环境、在线课程、远程指导等，让学生能够随时随地进行学习和实践。线下实践可以通过实地考察、项目实训等方式，让学生亲身参与到实际工作中，与线上平台形成互补。这种线上线下相结合的实践模式不仅能够提高学生的学习效率和实践效果，还能够培养他们的自主学习能力和终身学习习惯。

校内实践平台、校外实践基地以及线上线下相结合的实践模式共同构成了管理决策实践平台。它们相互补充、相互促进，共同推动着学生管理决策能力的提升。

四、创新思维、实践能力与管理决策能力的融合培养

（一）三种能力融合的必要性与可行性

在当今社会，教育的综合改革日益成为国家发展的重要议题。党的二十届三中全会明确提出了"强化科技教育和人文教育协同"的指导方针，为教育领域的能力融合指明了方向。这一方针的提出，不仅彰显了科技教育与人文教育相互促进的深远意义，也凸显了二者融合在培养新时代人才中的必要性。

科技教育以其对创新思维和实践能力的独特培养方式，为学生打开了探索宇宙奥秘、改善生活品质的大门。它鼓励学生勇于尝试、不断创新，在科学的海洋里遨游，寻找解决问题的新方法和新途径。人文教育则更侧重于对学生心灵的滋养和人格的塑造。通过历史的学习、文化的感悟和社会的关怀，人文教育帮助学生形成深厚的文化底蕴和强烈的社会责任感，使他们成为有担当、有情怀的新时代青年。

将科技教育与人文教育进行有机融合，不仅有助于提升学生的综合素养，还能进一步推动教育全面升级。这种融合模式的可行性在于，它充分利用了现有教育资源的优势，突破了传统教育模式的束缚，实现了教育内容与方法的创新。通过科技教育与人文教育的相互渗透和补充，学校能够培养出既具备科学精神又富有人文素养的复合型人才，为社会的持续发展和全面进步提供坚实的人才支撑。

（二）融合培养的策略与方法

在方法层面，注重实践导向与人才培养的有机结合。基础研究人员人均经费的稳步增长，为基础研究的深入开展提供了有力保障。这一变化不仅反映了国家对基础研究领域的高度重视和支持，也为融合培养提供了坚实的物质基础和实践平台。通过引导人才深入参与基础研究项目，

能够有效提升其科学素养和创新能力，进而推动融合培养目标的实现。

融合培养的策略与方法需要紧密结合科技创新和人才培养的实际需求，充分发挥各方面优势资源的作用，共同推动我国创新能力和人才培养质量的全面提升。

（三）融合培养效果评估与持续改进

在融合培养模式的实施过程中，效果评估与持续改进是不可或缺的环节。山东农业大学通过与山东省内近 2 万个行政村的负责人建立微信工作群，不仅展示了学校的办学成绩，更搭建了一个服务学生成长和乡村发展的综合平台。这种方式为评估融合培养效果提供了实时反馈和丰富的数据资源。

评估方法多元化且实效性强，包括学生参与度、项目成果转化率等多个维度。例如，学生参与度可通过参与乡村振兴项目的积极性和创造性来衡量；项目成果转化率则体现在创新大赛获奖情况、新技术推广应用等方面。此外，山东农业大学农学院在多个创新项目中取得显著成果，荣获"中国国际大学生创新大赛"金奖，这既是学生实践能力的有力证明，也是融合培养效果的直观体现。

在持续改进方面，学校根据评估结果及时调整培养方案，优化课程设置，加强实践教学环节，以确保人才培养质量与社会需求高度契合。同时，通过与行政村负责人的持续沟通，学校能够及时了解乡村发展的新动态、新需求，从而有针对性地更新教学内容，提升学生的社会适应能力和解决实际问题的能力。这种动态调整机制确保了融合培养模式的持续优化和长效运行。

第二节　社会责任感与可持续发展意识的培养

一、社会责任感

（一）社会责任感的概念及重要性

社会责任感是指个体或群体对于社会整体福祉和进步的责任感与使命感。在新农科人才的培养体系中，这一素质尤为重要。它不仅关乎个人的道德修养，更直接影响到人才培养的方向与质量，以及农业科技创新的推进。

具备强烈社会责任感的新农科人才会自觉将个人发展与国家需求、社会进步紧密相连。他们更有可能投身于解决农业领域的重大问题，如粮食安全、生态保护、乡村振兴等，从而推动整个社会可持续发展。社会责任感也是激发科技创新能力的重要动力。有责任感的科研人员会更注重科研成果的社会价值，更愿意将研究成果应用于实际，造福于民。

因此，提升新农科人才的社会责任感，不仅有助于培养出更多德才兼备的优秀人才，还能为农业科技创新提供源源不断的动力。这需要教师在教育和培养过程中，注重引导学生树立正确的价值观，培养他们的社会责任感和使命感，使他们成为推动社会进步的重要力量。

（二）新农科人才应具备的社会责任感

新农科人才作为现代农业发展的中坚力量，其社会责任感体现在多个层面。这些人才深知农业对于国家稳定和民生福祉的重要性，因此在推动农业发展、促进乡村振兴以及保障粮食安全方面扮演着举足轻重的角色。

在推动农业发展方面，新农科人才密切关注全球及国内农业发展趋势，深入理解现代农业的市场需求和生产挑战。他们通过系统的科学研究，为农业发展提供科学依据和技术支持，助力农业从传统模式向现代化、高效化转型。这不仅体现在对新型农机具、智能农业系统的研发和应用上，还体现在对农业生态环境的保护和可持续农业发展的探索上。

促进乡村振兴是新农科人才的另一重要使命。他们积极响应国家乡村振兴战略，将先进的农业技术和管理理念引入农村地区，为农村发展提供智力支持和专业服务。通过推动农村产业结构调整和农业现代化，新农科人才不仅帮助农民提高了收入，还促进了农村社会的全面进步和文化的繁荣发展。

保障粮食安全更是新农科人才不可推卸的责任。他们深知粮食安全是国家安全的重要组成部分，因此致力通过科技创新和产业升级来提高粮食生产能力和质量。这包括研发高产、优质、抗病虫害的粮食作物新品种，推广节水灌溉、精准施肥等绿色农业生产技术，以及建立完善的粮食质量安全监控体系。这些努力不仅确保了粮食的充足供应，还提升了粮食产品的市场竞争力，为国家的长期稳定发展奠定了坚实的基础。

（三）培养社会责任感的途径与方法

社会责任感的培养是一个多维度、系统性的过程，它涉及教育引导、开展实践活动、榜样示范以及机制保障等多个方面。这些途径相互补充，共同构成了提升个体及集体社会责任感的综合框架。

在教育引导层面，通过课堂教学和讲座培训，可以向学生阐释社会责任感的内涵与重要性。这种教育方式能够帮助学生建立起对社会责任的初步认知，引导他们理解个人行为对社会的影响，从而树立服务社会的意识。教育内容的设计应贴近实际，使学生能够将所学知识与日常生活相联系，进一步加深对社会责任的理解。

实践活动是社会责任感培养的另一重要环节。通过组织学生参与社会实践、志愿服务等活动，可以让他们亲身体验社会责任的实际承担。这些活动不仅能够增强学生的社会责任感，还能锻炼他们的团队协作能力和解决实际问题的能力。实践活动的形式可以多样化，如环保行动、社区服务、扶贫帮困等，以便学生从不同角度感受和理解社会责任。

榜样示范在培养社会责任感方面同样发挥着重要作用。邀请优秀校友、专家举办讲座，分享他们履行社会责任的经历和感悟，能够激发学生内心的向往和模仿欲望。身边人的真实故事往往更具感染力和说服力，有助于学生将社会责任感内化为自己的价值观和行为准则。

机制保障是确保社会责任感培养持续有效的关键。建立正向反馈机制可以激励学生更加积极地参与社会实践活动，不断提升自身的社会责任感。同时，学校和社会各界应共同努力，营造良好的社会责任氛围，为培养具有高度社会责任感的新时代公民提供有力支持。

二、可持续发展意识

（一）可持续发展意识的概念及意义

在深入探讨可持续发展意识时，人们不难发现，这一理念已逐渐成为引领社会前进的重要指导思想。可持续发展意识，简而言之，就是人们对可持续发展理念的深刻理解与积极实践，它涵盖环境保护、资源利用、经济增长方式的转变以及社会公正等多个层面。

从环境保护的角度来看，可持续发展意识强调人类活动与自然环境的和谐共生。这意味着在生产、生活等各个环节，人们都应充分考虑到对生态环境的影响，努力减少对自然资源的消耗，保持生态平衡。

在资源利用方面，可持续发展意识倡导高效、节约、再利用的原则。通过科技进步与创新，不断提高资源利用效率，实现资源的最大化利用，同时推动循环经济的发展，减少废弃物的产生。

经济增长方式的转变是可持续发展意识的核心内容。它要求人们在追求经济增长的同时，更加注重经济增长的质量和效益，推动产业结构优化升级，实现经济发展与环境保护、社会进步的良性循环。

社会公正是可持续发展意识的另一重要方面。它强调在发展过程中要关注社会各个群体的利益诉求，保障每个人的发展权利和机会公平，营造和谐稳定的社会环境。

可持续发展意识不仅是一种先进的理念，更是一种行动的指南。它要求人们在发展过程中始终坚持环境友好、资源节约、经济高效、社会公正的原则，共同推动人类社会可持续发展。

（二）新农科人才应具备的可持续发展意识

在推动农业现代化的过程中，新农科人才扮演着举足轻重的角色。他们不仅需要具备扎实的专业知识，更应当树立深刻的可持续发展意识，以引领农业走向绿色、高效、和谐的未来。

第一，环境保护意识。面对日益严峻的生态环境挑战，新农科人才必须充分认识到保护生态环境的重要性。他们应当在工作中积极践行节约资源、防治污染的理念，通过推广生态友好的农业技术和模式，降低农业生产对环境的负面影响。例如，采用节水灌溉技术减少水资源浪费，使用生物农药来减少农产品中的有害物质残留，这些都是新农科人才在环境保护方面应有的实践。

第二，资源利用效率意识。在资源日益紧缺的背景下，提高资源利用效率成为农业可持续发展的关键。新农科人才应当具备优化资源配置的能力，通过科学规划和管理，实现土地、水、劳动力等资源的最大化利用。同时，他们还应当关注农业废弃物的资源化利用，如畜禽粪便、秸秆等的回收利用，将其转化为有价值的肥料或能源，从而提升农业生产的整体效益。

第三，经济增长与质量意识。农业不仅是国民经济的基础，也是保障国家粮食安全和生态安全的重要支柱。新农科人才应当积极探索绿色、低碳、高效的农业发展路径，通过引入现代科技手段和创新管理模式，提高农业生产效率和产品品质。同时，新农科人才还应当关注农产品的市场需求和消费者偏好，以市场需求为导向调整生产结构，满足人民群众对优质农产品的需求。

第四，社会公正与参与度意识。农业可持续发展不仅关乎经济效益和生态环境，更涉及社会公正和民生福祉。新农科人才应当具备强烈的社会责任感，关注农村地区的社会公正问题，如贫富差距、教育资源分配等。他们应当积极参与社会发展进程，通过技术支持、教育培训等方式为农村地区提供帮助和支持。同时，新农科人才还应当倡导并践行公正合理的农产品贸易规则，维护农民和消费者的合法权益，为构建和谐社会贡献力量。

（三）融入可持续发展意识的策略与建议

在新农科人才培养过程中，融入可持续发展意识至关重要。这不仅能够提高学生对于环境保护和资源合理利用的重视，还能够为将来农业领域的绿色发展奠定坚实基础。要想实现这一目标，可以从以下几个方面着手：

课程设置与教学内容的优化是首要步骤。在新农科课程中，应专门设置与可持续发展相关的内容，将环保理念、生态农业、资源循环利用等知识融入日常教学中。例如，可以开设农业生态学、农业资源与环境等课程，让学生了解农业生产与环境保护之间的紧密联系。

实践活动与案例分析同样重要。理论知识的学习需要结合实际操作来加深理解。学校可以组织学生参与农田实践，让他们亲身体验生态农业的种植方式，了解传统农业与现代农业在可持续发展方面的差异。同时，通过分析具体案例，如生态农业示范区的成功经验，让学生直观感受到可持续发展在农业中的应用与成效。

校园文化与氛围的营造也不容忽视。学校可以通过举办以可持续发展为主题的讲座、研讨会和实践活动，增强学生的环保意识。学校还可以设立相关奖项，表彰在可持续发展方面作出突出贡献的学生或团队，以此激励学生积极参与。

校企合作与资源整合是实现新农科人才培养的重要途径。学校应与企业紧密合作，共享资源与信息，共同研发可持续的农业技术。这种合作模式不仅能够为学生提供更多的实践机会，还能促进企业技术的创新与进步，形成良性循环。

融入可持续发展意识的新农科人才培养需要多方面的共同努力，这样能够培养出既具备专业知识，又能深刻理解可持续发展理念的新农科人才，为未来的绿色农业发展贡献力量。

三、社会责任感与可持续发展意识的协同培养

（一）协同培养的理念与原则

协同培养作为一种教育理念，其核心在于整合多方教育资源，形成合力，共同致力培养具备社会责任感、创新精神和实践能力的新时代农科人才。这一理念不仅强调知识的传授，更重视对学生综合素养的全面提升，特别是在社会责任感与可持续发展意识的培养上。通过协同培养，能够打造出既符合农业发展需求，又具备国际视野和竞争力的新农科人才队伍。

在协同培养的实施过程中，需要坚持以下原则：首先是以学生为本，注重学生的全面发展。学校应始终将学生的成长成才作为出发点和落脚点，关注学生的个性化需求，努力提供多样化的教育资源和成长路径。其次是强调实践与应用，突出创新能力。学校应鼓励学生积极参与实践活动，通过亲身体验和动手操作来深化对知识的理解，培养创新思维和实践能力。最后是遵循农科特色，体现时代要求。学校应紧密结合农业

发展的实际，设置与时俱进的教学内容，确保学生所学能够紧跟时代步伐，满足社会发展的需要。

具体而言，协同培养要求学校突破传统教育模式的束缚，积极探索产教融合、校企合作等新型人才培养模式。学校可与企业、科研机构等社会力量深度合作，共同搭建实践教学平台，为学生提供更多接触实际、参与研究的机会。同时，学校还应加强与国际教育资源的对接，引进先进的教育理念和教学方法，不断提升协同培养的国际化水平。

（二）协同培养的创新与实践

在当前生态文明建设的大背景下，新农科人才培养显得尤为重要。为实现这一目标，要从课程体系、教学方法以及实践活动三个方面进行创新与实践。

课程体系的创新是新农科人才培养的基石。以社会责任感与可持续发展意识为核心的课程体系不仅要传授生态知识和生态技能，更要树立生态文明的理念。这样的课程体系既注重人文素养与科学精神的融合，也强化了课程的实践性与应用性。

教学方法的创新是提升新农科人才培养质量的关键。采用案例教学、情境教学、翻转课堂等多元化的教学方法，可以有效激发学生的学习兴趣和积极性。这些方法的运用，不仅能够帮助学生巩固专业知识，还能拓宽他们的视野，提高综合素质和能力水平。通过实际操作和互动讨论，学生可以更加深入地理解和掌握新农科的相关知识与技能。

实践活动的创新是新农科人才培养不可或缺的一环。通过开展科技创新、志愿服务、社会调研等与新农科相关的实践活动，可以让学生在实践中增长才干、锤炼品质。这些活动不仅能够增强学生的社会责任感，还能培养他们的可持续发展意识。例如，通过参观现代农业产业基地，学生可以亲身感受高科技农业技术的巨大作用，从而更加坚定投身新农科事业的决心。

只有这样，才能培养出既具备专业知识与技能，又拥有强烈社会责任感和可持续发展意识的新农科人才。

（三）协同培养策略与方法

在现代农业教育中，协同培养策略与方法的应用显得尤为重要。协同培养方式有三种，分别是学校与企业的协同培养、校企地三方协同培养以及国际化协同培养。

学校与企业的协同培养是实现产教融合的有效途径。通过校企合作，双方可以共同制定贴合产业实际需求的人才培养方案。例如，华南理工大学与宁远县汇盛鞋业合作建立的功能性鞋材研发中心将科学研究、市场分析与人才培养紧密结合，这种校企合作模式使学生能够在实际操作中深化理论知识，也为企业提供了源源不断的人才储备和创新力量。

校企地三方协同培养则更进一步，它整合了学校、企业和地方政府的资源，利用地方特色和资源优势，共同打造新农科人才培养基地。四川农业大学发布的"科创乡村·青年实干"百千万实践行动就是一个典型案例，该行动聚焦乡村振兴等国家战略，通过与地方政府和企业的紧密合作，开展了一系列富有成效的实践活动，不仅培养了学生的实践能力，也为乡村振兴贡献了智慧和力量。

国际化协同培养是拓宽学生国际视野、提升人才培养质量的重要途径。通过与国际组织、国外高校和企业的合作，可以引进国外先进的教育理念和教育资源，为学生提供更广阔的发展空间和更多的学习机会。这种协同培养方式有助于培养具有国际竞争力的高素质农业人才，推动我国农业教育的国际化进程。

协同培养策略与方法在农业教育中发挥着举足轻重的作用，它不仅提高了教育的针对性和实效性，还促进了产教融合和国际交流，为我国农业现代化和新农科人才培养奠定了坚实的基础。

第三节 跨学科合作与国际化视野的培养

一、跨学科合作

（一）跨学科合作的定义与类型

跨学科合作作为一种独特的科研与教育模式，日益受到各界的广泛关注。它指的是不同学科领域的专家、学者或研究机构为了共同的研究目标或任务，进行协作和交流的一种合作模式。这种合作模式打破了传统学科之间的界限，促进了知识的融合与创新，对于解决复杂问题、推动科技进步具有重要意义。

跨学科合作主要有两种类型：垂直跨学科合作与水平跨学科合作。垂直跨学科合作是不同学科领域的专家或研究机构针对同一研究方向或问题进行的深度合作。例如，在环境保护领域，生态学家、化学家、工程师等共同参与到某一污染治理项目中，各自发挥专业优势，共同寻求解决方案。这种合作模式能够集结多方力量，实现专业知识的互补与整合，从而推动研究的深入和问题的解决。

水平跨学科合作则更为广泛，它是不同学科领域的专家或研究机构通过共享资源、交流学术成果等方式进行的合作。这种合作不局限于特定的研究问题或方向，而是旨在拓宽研究视野，激发创新思维。例如，学术交流会议、跨学科研讨会等活动为不同领域的学者提供了相互学习、交流思想的机会。水平跨学科合作有助于打破学科壁垒，促进不同领域之间的知识流动与融合，为科研创新和社会发展注入新的活力。

（二）跨学科合作在新农科人才培养中的实践

在新农科人才培养的过程中，跨学科合作的理念与实践日益显现出其重要性。通过整合不同学科的知识体系与教育资源，新农科教育逐步构建起一个多元化、开放性的培养体系。

在课程设置与教学内容整合方面，众多高校及研究机构已经开始进行积极的探索。例如，通过开设融合了现代农业技术、经济管理、生态环境等多学科知识的综合性课程，以及在专业课程中融入跨学科元素，有效地拓宽了学生的知识视野。举办跨学科讲座、研讨会等活动，为学生提供了与不同领域专家交流的机会，进一步培养了学生的跨学科思维能力。

实践教学与项目合作是跨学科合作在新农科人才培养中的又一重要应用领域。通过与企业、科研机构等开展深度合作，共同承担科研项目，以及组织学生参与实地调研、生产实践等活动，不仅让学生在实践中掌握了多学科知识，还提高了他们解决实际问题的能力。这种以问题为导向、以实践为载体的教学模式逐渐成为新农科人才培养的重要特色。

此外，跨学科合作在促进学术交流和平台建设方面也发挥了显著作用。通过举办学术会议、研讨会等活动，为来自不同学科背景的师生提供了交流思想、分享研究成果的平台。设立跨学科研究中心、实验室等机构，为推动新农科领域的知识创新和技术研发提供了有力支撑。

跨学科合作在新农科人才培养中展现出巨大的潜力和广阔的前景。通过深化跨学科合作，可以培养出更多具备创新精神和实践能力的新农科人才，为推动农业现代化和可持续发展做出更大的贡献。

（三）跨学科合作对新农科人才培养的影响

在当今农业科技迅猛发展的背景下，跨学科合作已成为新农科人才培养不可或缺的一环。这种合作模式不仅有助于提升人才培养质量，还能促进学科交叉融合，进而提升新农科人才的国际竞争力。

跨学科合作能够整合不同学科的知识和方法，为新农科人才培养提供了更为全面和深入的视角。通过结合生物学、工程学、经济学等多个学科的内容，可以让学生接触到更为广泛的知识体系，从而培养出更具综合素质的人才。这种培养模式不仅满足了社会对新农科人才的多样化需求，还为农业科技的持续发展注入了新的活力。

同时，跨学科合作推动了学科之间的交叉融合，产生了许多新的学术观点和研究方向。例如，基因编辑技术与合成生物学的结合，为农业生物技术的创新提供了更多可能；人工智能在农业领域的应用，则推动了智能农业的发展。这些新兴领域的研究与探索，不仅丰富了新农科人才的培养内容，还为新农科人才提供了更多的发展机会。

通过参与国际交流与合作项目，新农科人才可以接触到国际先进的教育理念，从而提升自身的综合素质。跨学科合作不仅为国内外学者提供了交流与合作的平台，还为新农科人才培养提供了国际化的发展环境。在这种环境下，新农科人才可以更加全面地了解国际农业科技的发展趋势，为推动我国农业科技的进步贡献自己的力量。

跨学科合作对新农科人才培养产生了深远的影响。通过跨学科合作，可以培养出更多具备创新精神和实践能力的新农科人才，为农业科技的持续发展和保障国家粮食安全作出更大的贡献。

二、国际化视野

（一）国际化视野的内涵与特点

在全球化日益加速的当下，国际化视野已成为个人与组织不可或缺的重要素质。国际化视野，简而言之，是指个体或集体所具备的全球意识、国际准则认知和跨文化交流能力的综合体现。它不仅涵盖对世界各地文化、经济、科技等领域的广泛了解，更强调对这些领域的深度认知与实时动态的把握。具备国际化视野的个体能够站在全球的高度审视问题，以开放和包容的态度接纳不同文化，从而在多元的国际环境中游刃有余。

　　国际化视野的特点显著且多样，其中比较重要的是开放性与包容性。开放性体现为对外部世界的积极接纳与探索，愿意主动学习并适应不同文化背景下的思维方式与行为习惯。包容性则表现为对不同文化的尊重与理解，能够欣赏并融合各种文化的精华，从而在跨文化交流中减少摩擦、增进共识。创新性也是国际化视野的重要特点之一。在全球化浪潮中，具备国际化视野的个体或组织往往能够洞察先机，结合多元文化优势，推动创新思维的产生与发展。

　　实践是培养国际化视野的重要途径。以"中非科技小院"项目为例，该项目通过农业实践与技术交流，不仅帮助非洲培养了高素质农业人才，也促进了中非在农业领域的深度合作与文化交流。参与项目的个体在亲身体验不同文化环境的过程中，逐步拓宽了视野，增强了跨文化沟通能力。类似地，国际联合实验室的成立与运作，也为相关教学和研究提供了国际化的平台，推动了不同文化背景下的学术交流与合作研究。

　　国际化视野是全球化时代背景下个体与组织必备的重要素质。它要求人们以开放、包容、创新的态度去面对和理解不同的文化环境，从而在多变的国际环境中立足并发展壮大。

（二）国际化视野培养在新农科人才培养中的必要性

　　在全球化浪潮不断推进的当下，新农科人才的培养亟须融入国际化视野，这不仅是适应全球发展趋势的必然选择，也是提升人才竞争力、推动学科进步的关键所在。

　　全球化发展趋势要求新农科人才必须具备国际化视野。随着全球农业、科技、文化等领域的交流与合作日益频繁，新农科人才需要跨越国界，理解和适应不同文化背景下的农业发展与科技创新。这种国际化视野能够帮助他们在全球范围内寻找和把握机遇，有效地参与国际合作与竞争。

具备国际化视野的新农科人才在提升个人竞争力方面具有显著优势。他们不仅能够熟练掌握和运用国际先进的农业科学技术，还能在国际舞台上自信地展示和交流中国的农业成果与科技实力。这种竞争力不仅有助于促进个人的职业发展，更有助于提升我国农业在国际上的整体形象和影响力。

国际化视野的培养对于推动新农科学科的发展同样至关重要。通过与国际先进农业科技文化的融合与交流，人们可以及时了解和掌握全球农业科技的前沿动态，借鉴和吸收国际上的先进经验和技术成果，从而推动我国新农科学科的不断创新和进步。同时，国际化视野有助于人们更加全面地认识和把握全球农业发展的趋势和挑战，为新农科学科的发展提供更为广阔和深入的思考空间。

国际化视野培养在新农科人才培养中具有一定的必要性。它不仅能够帮助新农科人才适应全球化发展趋势，提升个人的国际竞争力，还能够推动新农科学科持续发展和创新。因此，必须高度重视并切实加强新农科人才的国际化视野培养工作。

（三）国际化视野培养的途径与方法

在全球化的今天，国际化视野的培养显得尤为重要。为了培养具备国际竞争力的人才，高等教育机构可采用以下方法。

课程设置与教学内容的国际化是拓宽学生国际视野的基础。通过增设国际文化、国际贸易等相关课程，可以让学生更加深入地理解世界的多元性和复杂性。将这些国际化内容巧妙地融入教学环节，不仅可以拓宽学生的国际视野，还能激发他们的全球意识。

学术交流与合作的国际化是另一个重要途径。高校应积极寻求与国际知名大学、研究机构的交流与合作，为学生提供更多参与国际项目、国际会议的机会。这样不仅可以增进国际友谊，还能让学生在实际交流中提升自己的跨文化沟通能力。

实践教学与实习实训的国际化同样不可忽视。通过安排学生参与国际实习实训项目，使他们在实践中深刻体验不同文化，从而提升自身的跨文化交流能力。这种实践教学方式不仅能让学生更加真切地感受到国际化的魅力，还能为他们未来的职业生涯奠定坚实的基础。

国际化视野的培养需要高等教育机构从以上方面进行，这样才能培养出具备国际视野和竞争力的高素质人才。

三、跨学科合作与国际化视野培养的互动关系

（一）跨学科合作对国际化视野培养的促进作用

在全球化日益深入的今天，跨学科合作在高等教育领域的重要性愈发凸显，尤其是对学生国际化视野的培养具有显著的促进作用。通过打破学科壁垒，实现知识与方法的交融，跨学科合作不仅为学生提供了更宽广的知识领域，还促进了不同文化之间的交流，进而提升了学生的综合能力。

跨学科合作使学生有机会接触到本专业以外的知识和方法，这种跨界的学习体验极大地拓宽了学生的知识视野。例如，在"视界行"项目中，学校鼓励并支持师生赴国（境）外知名高校及国际组织进行交流实践。通过参与此类项目，学生不仅能够亲身体验不同文化背景下的学术氛围，还能与国际同行进行深度交流，从而形成更加开放和多元的思维方式。

跨学科合作为学生提供了一个与来自不同学科背景的人进行交流的平台。这种交流不仅有助于促进文化间的相互理解，还能增强学生对多元文化的包容性和适应性。在这种环境中，学生更容易形成全球意识，具备从国际视角分析和解决问题的能力。

跨学科合作对于提升学生的综合能力具有重要意义。在跨学科项目中，学生需要运用多学科的知识和方法来解决问题，这无疑会锻炼他们

的创新能力、批判性思维以及解决问题的能力。这些能力正是当今国际化人才所必备的，对于学生未来在国际舞台上取得成功至关重要。

跨学科合作在培养学生国际化视野方面发挥着不可或缺的作用。通过拓宽知识领域、促进文化交流以及提升综合能力，跨学科合作为学生搭建了一个通向世界的桥梁，使他们在全球化的浪潮中能够立足本土、放眼全球。

（二）国际化视野培养对跨学科合作的推动作用

在全球化日益深入的今天，国际化视野的培养显得尤为重要。这种视野的培养不仅有助于个体更全面地理解世界，还在推动跨学科合作方面发挥了不可或缺的作用。通过国际化视野的培养，能够激发学生对不同学科领域的兴趣，进而促使其积极寻找跨学科的合作机会，为科研创新提供新的动力。

国际化视野的培养为学生打开了一扇通往多学科知识的大门。随着对不同文化和学科了解的加深，学生开始意识到单一学科的局限性，以及跨学科合作的巨大潜力。这种认识上的转变，促使学生更加积极地寻求与其他学科的交流合作，以期在科研上取得新的突破。例如，在某些联合实验室中，通过整合生态学、社会学、人类学等不同学科的知识和方法，推动了对"人、自然、文化"相互联系的整体保护理念的研究。这种跨学科的合作方式极大地丰富了研究内容。

国际化视野的培养让学生接触到更多国际上的学科前沿知识和技术。这些资源不仅拓宽了学生的学术视野，还为其跨学科合作提供了有力的知识支撑。学生可以通过参与国际会议、加入国际合作项目等方式，与世界各地的学者进行深度交流与合作，从而不断提升自己的学术水平和创新能力。

更为重要的是，国际化视野的培养有助于跨学科人才的培养。在全球化背景下，具备国际视野和跨学科背景的复合型人才显得尤为重要。

通过跨学科的学习与合作，学生不仅能够拓宽知识面，还能提升解决实际问题的能力，从而更好地适应未来社会的多元化需求。中非大学的协同发展就是一个很好的例证，通过国际合作与交流，双方能够共同培养具备国际视野和跨学科能力的人才，为中非友好合作精神的传承与发扬贡献力量。

国际化视野的培养在推动跨学科合作方面发挥了至关重要的作用。它不仅激发了学生跨学科研究的兴趣，提供了丰富的合作资源，还促进了跨学科人才的培养。在未来的教育实践中，应进一步加强国际化视野的培养，以推动跨学科合作的深入发展。

（三）跨学科合作与国际化视野培养的协同发展

在当今全球化背景下，跨学科合作与国际化视野培养的协同发展显得愈发重要。这两者不仅在人才培养过程中相互支撑、共同发展，而且能够发挥各自的优势，提升学生的合作能力和国际竞争力，进一步促进学科的融合与创新。

跨学科合作为国际化视野培养奠定了坚实的知识基础。通过不同学科的交叉融合，学生能够接触到更为广泛的知识领域，从而形成更加全面、多元的视角。例如，在"大数据＋"时代背景下，通过整合大数据、人工智能等现代信息技术应用，重塑课堂形态，不仅能够推进新文科建设，还能够使学生在学习过程中自然而然地拓宽国际视野，增强对全球化趋势的适应力。

国际化视野培养则可以促进跨学科合作的深入进行。具备国际化视野的学生和教师能够更加敏锐地捕捉到国际前沿的学术动态和创新趋势，从而引导跨学科合作向更高层次、更广领域发展。以中国农业大学在非洲建立的"中非科技小院"为例，这一模式不仅培养了大量的新型实践型农业人才，而且推动了中非在农业生产一线的科技创新和社会服务合作，充分体现了国际化视野对跨学科合作的推动作用。

跨学科合作与国际化视野培养的协同发展能够显著提升学生的综合能力和素质。通过跨学科的学习和实践，学生能够掌握更多元化的知识和技能，国际化视野的培养则使学生能够更好地理解和适应不同文化背景下的挑战和机遇。这种综合能力的提升，无疑将增强学生在国际就业市场和学术研究领域的竞争力。

跨学科合作与国际化视野培养的协同发展还有助于推动学科的融合与发展。在跨学科合作的过程中，不同学科之间的界限逐渐模糊，新的学术领域和研究方向得以涌现。而国际化视野的注入，则为这些新兴领域提供了更加广阔的发展空间和更多的创新可能性。因此，跨学科合作与国际化视野培养的协同发展不仅是人才培养的重要途径，也是推动学科创新和发展的关键所在。

第六章 教育质量保障与评估体系

第一节 新农科人才培养效果的评估指标

一、新农科人才培养目标与要求

（一）新农科人才的核心能力框架

在智慧农业与耕读教育融合的背景下，新农科人才的核心能力框架应包含跨学科的知识结构和综合技能。以数据驱动的决策能力为例，新农科人才应熟练掌握大数据分析技术，能够通过分析土壤、气候、作物生长情况等数据，优化农业生产过程。例如，利用物联网技术收集的农业数据，结合机器学习算法，可以预测作物病虫害的发生，从而提前采取措施，提高农作物的产量和质量。此外，新农科人才还应具备创新思维和实践能力，能够将耕读教育中蕴含的传统文化与现代科技相结合，推动农业可持续发展。

（二）智慧农业对新农科人才的特殊要求

在智慧农业的浪潮下，新农科人才的培养必须与时俱进，满足这一领域对人才的特殊要求。智慧农业依托物联网、大数据、云计算等现代信息技术，对农业生产的各个环节进行智能化管理，从而提高农业的生产效率和产品质量。例如，根据国际数据公司（IDC）的报告，到2025年，全球农业数据量达到4.1ZB，这表明农业是一个数据密集型产业。因此，新农科人才不仅要掌握传统的农业知识，更要具备数据分析、信息技术应用等跨学科能力。

智慧农业对新农科人才的特殊要求还体现在创新能力和实践能力上。在智慧农业的实践中，新农科人才需要将理论知识与实际问题相结合，通过科研项目和实际操作来解决农业生产中的具体问题。例如，利用无人机进行作物病虫害监测，或者通过智能温室控制技术实现精准农业。这些都需要新农科人才具备跨学科的知识结构和解决实际问题的能力。在评估体系中，这些能力的评估应通过具体的案例研究和项目参与度来体现，确保新农科人才能够适应未来农业发展的需求。

（三）耕读教育在新农科人才培养中的作用

耕读教育作为中国传统文化的重要组成部分，其在新农科人才培养中的作用不容忽视。耕读教育强调"知行合一"，倡导在实践中学习、在学习中实践，这与智慧农业对新农科人才的实践能力和创新能力要求高度契合。通过耕读教育的实施，学生不仅能够掌握智慧农业技术，更能培养出解决实际问题的能力。例如，根据某农业大学的案例研究，将耕读教育融入课程体系后，学生的科研项目参与度提高了30%，实际问题解决能力的提升更是显著，这表明耕读教育在提升学生综合素质方面具有显著效果。此外，耕读教育的融入有助于学生形成正确的价值观和职业观。正如孔子在《论语·学而》中所言："学而时习之，不亦说乎？"学生在耕读实践中不断学习和反思，从而实现知识与技能的内化和升华。

二、评估指标体系构建原则

（一）科学性与系统性原则

在构建智慧农业与耕读教育融合的新农科人才培养效果评估体系时，科学性与系统性原则是核心指导思想。科学性要求评估体系必须基于实证研究和理论分析，确保评估指标和方法的客观性和准确性。例如，通过收集和分析大量新农科人才智慧农业技术应用能力方面的数据，来了解不同教学方法对技能掌握程度的影响。系统性则强调评估体系应涵盖人才培养的各个方面，形成一个有机整体。例如，评估体系不仅要考查学生的知识掌握情况，还要评估其创新能力与实践能力，以及这些能力如何在实际工作中得到应用。

（二）可操作性与可测量性原则

在构建智慧农业与耕读教育融合的新农科人才培养效果评估体系时，可操作性与可测量性原则是确保评估体系有效实施的关键。首先，评估体系中的每一项指标都必须具体明确，能够通过实际操作进行测量。例如，智慧农业技术应用能力可以通过学生参与的智慧农业项目数量、项目完成质量以及在项目中所扮演的角色等具体数据来衡量；耕读教育相关知识掌握程度则可以通过标准化测试、课程成绩和相关知识竞赛的获奖情况来量化。其次，评估体系应设计成可操作性强的模型，如采用课堂观察与访谈相结合的方式，了解学生在实际耕读教育活动中的表现和反馈，从而对学生的综合能力进行评估。

（三）动态性与适应性原则

在智慧农业与耕读教育融合的背景下，新农科人才培养效果评估体系的构建必须遵循动态性与适应性原则，以确保评估体系能够及时反映行业发展的最新趋势和教育实践的不断进步。例如，随着物联网、大数据和人工智能技术在农业领域的应用日益广泛，新农科人才的培养目标和评估指标也应相应调整。中商产业研究院数据显示，中国智慧农业市场规模在 2024 年超过 1 000 亿元。这要求新农科人才不仅要有扎实的农业科学知识，还要具备跨学科的技术应用能力。因此，评估体系应包含对智慧农业技术应用能力的动态监测和评价，以确保教育内容与行业需求一致。

耕读教育作为传统与现代教育理念的结合体，其在新农科人才培养中的作用也应随着社会价值观和教育理念的变迁而不断调整。例如，耕读教育强调"知行合一"，要求学生将理论知识应用于实际农业生产中，这在评估体系中应体现为对实践能力的重视。通过案例研究和访谈等方法，可以了解学生在实际耕读活动中遇到的问题及其解决方案，从而对耕读教育的适应性和有效性进行评估。正如孔子在《论语·为政》中所言："学而不思则罔，思而不学则殆。"评估体系应鼓励学生在学习过程中不断思考和实践，以培养其创新能力和解决实际问题的能力。

此外，评估结果的应用与反馈机制也应体现动态性与适应性原则。评估结果不仅应用于教学改进和政策制定，还应构建一个持续改进的反馈循环机制。例如，通过定期进行问卷调查，可以收集到学生、教师和行业专家对新农科人才培养效果的反馈信息。这些信息可以用来调整和优化培养方案，确保教育内容和方法能够适应智慧农业发展的需求。同时，评估结果还可以为政策制定者提供依据，帮助他们制定更加符合实际需求的教育政策。

三、评估指标体系框架

（一）技能与知识掌握情况

1.智慧农业技术应用能力

在智慧农业与耕读教育融合的背景下，新农科人才的智慧农业技术应用能力显得尤为重要。这不仅要求学生掌握先进的农业信息技术，如物联网、大数据分析、云计算和人工智能等，还要求他们将这些技术应用于实际农业生产中，提高农业生产的效率和可持续性。例如，通过物联网技术，学生可以实时监控作物生长环境，调整灌溉和施肥策略，从而实现精准农业。根据国际农业发展报告，精准农业技术的应用可以提高作物产量 10% 至 20%，同时减少化肥和农药的使用量，对环境的负面影响也随之降低。

在培养新农科人才的过程中，案例研究和实际操作是提升智慧农业技术应用能力的有效途径。以以色列的滴灌技术为例，该技术通过精确控制水分和养分的供给，大大提高了水资源的利用效率和作物产量。通过分析这些成功案例，学生能够了解智慧农业技术在解决实际问题中的应用价值。同时，结合耕读教育的实践性，学生可以在真实的农田环境中进行技术应用实践，如使用无人机进行作物病虫害监测，或利用遥感技术进行土地资源管理。通过这些实践活动，学生能够将理论知识与实际操作相结合，提升解决实际问题的能力。

此外，智慧农业技术应用能力的培养还需要依托跨学科的知识体系。未来农业的革命将不是在田间，而是在实验室。因此，新农科人才需要具备跨学科的知识背景，如农业科学、计算机科学、环境科学等，以便综合运用不同领域的知识解决农业问题。通过构建跨学科的课程体系和实践平台，可以有效提升学生在智慧农业技术应用方面的能力，为未来农业的可持续发展培养更多具备创新能力和实践能力的复合型人才。

2. 耕读教育相关知识掌握程度

在智慧农业与耕读教育融合的背景下，耕读教育相关知识的掌握程度成为新农科人才培养效果评估体系的关键指标。耕读教育强调知识与实践的结合，它不仅要求学生掌握农业科学的基础理论，还要求他们了解农业历史、农业文化以及农业与自然环境的和谐共生之道。例如，通过引入"农业生态学"课程，学生可以学习到如何在农业生产中实现生态平衡，这不仅有助于提升他们的环境意识，也为智慧农业的可持续发展奠定基础。根据一项针对农业院校学生的调查，那些在耕读教育课程中表现出色的学生，在智慧农业项目中的创新能力和实际操作能力均高于平均水平。这表明，耕读教育相关知识的深入掌握能够有效促进新农科人才的全面发展。

（二）创新能力与实践能力

1.科研项目参与度与成果

在智慧农业与耕读教育融合的背景下，新农科人才的科研项目参与度与成果是衡量其创新能力与实践能力的重要指标。通过参与科研项目，学生能够将理论知识与实际问题相结合，提升解决复杂农业问题的能力。例如，某农业大学的学生团队在导师的指导下参与了一项关于智能温室环境控制系统的研发项目，通过实际操作，他们不仅掌握了相关技术，还成功将系统应用于实际生产中，提高了作物产量和质量。根据《中国智慧农业发展报告》，参与科研项目的学生在毕业后更容易获得就业机会，其就业率比未参与科研项目的同届毕业生高出20%。这表明，科研项目不仅提升了学生的实践技能，也增强了其就业竞争力。此外，通过科研项目的实施，学生能够学会如何运用科学方法论，如波普尔的"试错法"，在实践中不断尝试和修正，最终达到创新的目的。因此，通过科研项目参与度与成果可以评估新农科人才的培养效果。

2.实际问题解决能力

在智慧农业与耕读教育融合的背景下，新农科人才的实际问题解决能力显得尤为重要。智慧农业技术的快速发展，如物联网、大数据分析、人工智能等，为农业问题的解决提供了新的工具和方法。例如，通过使用无人机进行作物监测，可以实时收集农田数据，结合机器学习算法，对作物生长状况进行精准分析，从而及时发现并解决病虫害问题。根据某农业大学的实验数据，采用智慧农业技术的农田，其作物产量平均提高了 15%，病虫害发生率降低了 20%。

耕读教育强调理论与实践相结合，新农科人才在耕读教育的熏陶下，能够更好地将理论知识应用于实际问题的解决中。例如，通过参与耕读教育项目，学生可以亲手种植作物，体验从播种到收获的全过程。这不仅加深了其对农业知识的理解，也锻炼了他们面对实际问题时的应变能力。在一项针对耕读教育效果的案例研究中，参与项目的学生成为问题解决的主体，他们通过团队合作成功解决了灌溉系统效率低下的问题，提高了水资源的利用率。

在评估新农科人才的实际问题解决能力时，可以采用 SWOT 分析模型，即评估人才在面对特定问题时的优势（strengths）、劣势（weaknesses）、机会（opportunities）和威胁（threats）。通过这种分析，可以全面了解人才在实际问题解决过程中的表现，以及他们如何利用自身优势和外部机会来克服劣势和消除威胁。例如，某位新农科毕业生在面对农业废弃物处理问题时，利用其在智慧农业技术方面的优势，结合在耕读教育中获得的环保意识，提出了创新的生物降解方案，有效解决了农业废弃物处理问题。

第二节　评估与质量保障

一、评估方法的构建与实施

（一）建立评估指标体系的注意事项

在建立评估指标体系时，应注意以下几点。

首先，在建立评估指标体系时应基于 SMART 原则，即具体（specific）、可测量（measurable）、可达成（achievable）、相关性（relevant）

和时限性（time-bound），确保每一项指标都明确、可量化、切实可行、与培养目标紧密相关，并有明确的时间框架。例如，在评估新农科人才的创新能力时，可以设定具体的专利申请数量、科研项目参与度等可量化的指标。

其次，在建立评估指标体系时应综合考虑智慧农业的特性，如信息技术应用能力、数据分析处理能力等，以及耕读教育所强调的传统文化素养和实践能力。例如，可以引入案例分析模型，通过分析学生在智慧农业项目中的实际表现，来评估其跨学科知识的应用能力和创新思维。

再次，在建立评估指标体系时应参考国内外先进的教育评估理论和实践，如借鉴美国高等教育评估中的"学生学习成果评估"（SLOs）模型，结合中国农业教育的实际情况，形成具有中国特色的评估指标体系。通过对比国内外智慧农业教育案例，可以发现，成功的教育模式往往强调理论与实践的结合，以及持续的教育创新。

最后，建立的评估指标体系应具有动态调整机制，以适应智慧农业和耕读教育不断发展的需求。在建立评估指标体系时应不断反思和更新，以确保其能够准确反映新农科人才培养的质量，并为持续改进提供依据。

（二）定量与定性评估方法的结合

定量与定性评估方法的结合是确保评估全面性和深度的关键。定量评估通过收集和分析数据，如学生的成绩、课程完成率、实验操作的准确性等，提供可量化的评估结果。例如，可以利用统计学方法，如回归分析，来探究不同教学方法对学生创新能力提升的影响程度。定性评估则侧重于收集学生的反馈、教师的观察记录、同行的评审意见等，以获取对教育质量的深入理解。例如，通过焦点小组讨论，可以了解学生对耕读教育融合实践的真实感受和建议。结合这两种方法，可以构建一个更为全面的评估模型，如SWOT分析模型，来综合评估新农科教育项目的内外部环境，从而为教育的持续改进提供科学依据。

（三）评估过程中的数据收集与分析

数据收集与分析是确保评估结果准确性和有效性的关键。在收集数据时应采用多元化的手段，包括但不限于问卷调查、访谈、观察以及在线学习平台的数据追踪。例如，通过问卷调查收集学生、教师和行业专家对新农科课程设置、教学方法和实践环节的反馈，结合访谈获取更深层次的意见和建议。在分析数据时应结合定量与定性方法，运用统计分析软件处理问卷数据，运用内容分析法对访谈记录进行编码和主题分析。在此基础上，运用案例研究法深入分析特定教育实践的成功经验和存在的问题。例如，通过对比国内外智慧农业教育案例，可以发现不同教育模式下人才培养的差异。此外，采用适当的分析模型，如 SWOT 分析模型，可以更全面地评估新农科教育项目的内外部环境。

二、质量保障体系的构建

（一）质量保障体系的理论基础

在构建智慧农业与耕读教育融合的新农科人才培养质量保障体系时，要注重其理论基础。首先，质量保障体系应以教育质量的持续提高为核心，借鉴国际教育质量保障的先进理念，如 ISO 9001 质量管理体系，确保教育服务的标准化和规范化。其次，结合智慧农业的特性，引入数据驱动的决策模型，如大数据分析和人工智能评估工具，以实时监控和评估教学效果和学习成果。例如，通过分析学生在智慧农业平台上的互动数据，可以评估其实践技能的掌握程度和创新能力的发展情况。最后，质量保障体系还应融入耕读教育的传统文化价值，通过案例研究，如"稻田里的大学"项目，探索如何将传统耕读文化与现代教育技术相结合，以培养学生的责任感和对农业的热爱。

（二）内部质量保障机制的建立

在智慧农业与耕读教育融合的背景下构建新农科人才培养质量保障体系，要注重内部质量保障机制的建立。内部质量保障机制应以数据驱动为核心，通过收集和分析教学过程中的各项数据，如学生的学习成果、教师的教学质量、课程设置的合理性等，来不断优化教学过程。例如，可以采用教育大数据分析模型，对学生的在线学习行为进行追踪，从而评估教学方法的有效性，并据此调整教学策略。此外，引入同行评审和学生反馈机制，可以进一步提升教学质量。

（三）外部质量保障与认证体系的对接

在构建智慧农业与耕读教育融合的新农科人才培养质量保障体系时，要注重外部质量保障与认证体系的对接。通过与国际教育标准接轨，如ISO 9001质量管理体系，可以确保教育质量的持续提高。例如，德国的"双元制"教育模式将理论学习与企业实践紧密结合，为新农科教育提供了参考。在具体实施中，可以采用SWOT分析模型，识别新农科教育在外部质量保障方面的优势、劣势、机会和威胁，从而制定有针对性的改进措施。

三、案例研究与实证分析

（一）国内外智慧农业教育案例研究

在全球范围内，智慧农业教育的实践案例呈现出多样化的发展态势。以荷兰瓦赫宁根大学为例，该校通过与企业合作，建立了先进的智慧农业实验室和农场，将理论教学与实际操作紧密结合，培养出大量具备创新能力和实际操作技能的农业人才。据统计，瓦赫宁根大学的毕业生在农业科技创新领域的就业率高达90%，这在很大程度上得益于其教育模式的创新和对实践教学的重视。

中国在智慧农业教育方面也取得了显著进展。例如，中国农业大学与多个地方政府和企业合作，形成了"智慧农业＋耕读教育"的人才培养模式。通过构建"产学研"一体化的教育平台，不仅能使学生学习到最新的智慧农业技术，还能使其参与到实际的农业生产中，从而加深对农业知识的理解和应用。根据中国农业大学的数据，采用该模式培养的学生在毕业后，其就业率和创业率均高于采用传统农业教育模式培养的学生。

无论是瓦赫宁根大学还是中国农业大学，都强调了智慧农业与耕读教育的深度融合，以及实践教学的重要性。这种教育模式不仅提升了学生的专业技能，还培养了他们解决实际问题的能力。

（二）耕读教育实践案例研究

在智慧农业与耕读教育融合的背景下，新农科人才培养质量评估与保障体系的构建显得尤为重要。以某农业大学的耕读教育实践为例，该校通过引入智慧农业技术，如物联网、大数据分析和精准农业管理系统，成功地将传统耕读教育与现代科技相结合。在这一过程中，学生不仅学习了农业科学知识，还通过实际操作掌握了现代信息技术。例如，通过使用无人机进行作物监测，学生能够实时收集农田数据，并运用数据分析技术对作物生长状况进行评估。这种实践不仅提高了学生的动手能力，也加深了他们对智慧农业的理解。根据该校的评估数据，参与耕读教育实践的学生在创新能力和实践技能方面比不参与耕读教育实践的学生高，其就业率和创业率也相应提高。这表明，耕读教育与智慧农业的结合不仅能够传承文化，还能有效提升新农科人才的综合素质。

（三）评估方法与质量保障体系的实证研究

在智慧农业与耕读教育融合的背景下，构建新农科人才培养质量评估与保障体系显得尤为重要。通过实证研究，人们发现，评估方法的构建需要基于科学的数据分析模型，如采用层次分析法（AHP）来确定评估指标的权重，以确保评估结果的客观性和准确性。例如，在对某农业大学的新农科人才培养质量进行评估时，可通过问卷调查和专家访谈收集数据，运用 AHP 模型进行分析，得出学生的实践技能和创新能力是影响培养质量的关键因素。此外，质量保障体系的构建应结合内部质量监控机制和外部认证体系，如 ISO 9001 质量管理体系，以确保教育质量的持续提高。在实际操作中，通过引入案例研究，如比较国内外智慧农业教育的成功案例，可以为质量保障体系提供可借鉴的经验。"衡量什么，就得到什么"，因此，通过科学的评估方法和严格的质量保障体系，能够确保新农科人才的培养质量，为智慧农业的发展提供坚实的人才支撑。

第三节　教学反馈与动态调整机制

一、教学反馈机制的构建

（一）教学反馈机制的多维度设计

在智慧农业与耕读教育融合的背景下，教学反馈机制的多维度设计显得尤为重要。首先，从数据收集的角度来看，通过智慧农业技术，如物联网传感器和大数据分析，可以实时监控学生的学习行为和了解其对课程内容的接受度，从而为教学反馈提供量化的数据支持。例如，通过了解学生在智慧农业平台上的互动频率和质量，教师可以及时调整教学策略，以提高学生的参与度。其次，教学反馈机制应鼓励学生主动参与，形成以学生为中心的反馈文化。例如，可以借鉴孔子的"教学相长"理念，鼓励学生提出建设性意见，促进师生之间的互动。再次，教学反馈机制应设计成循环形式，其中学生和教师都参与到反思和评估中，以实现教学内容和方法的持续改进。最后，教学反馈机制应利用先进的技术手段，如人工智能辅助的反馈系统，来了解学生的学习成果和反馈，从而为教师提供更精准的教学调整建议，确保教学质量持续提升。

（二）学生参与度与反馈效率的提升策略

在智慧农业与耕读教育融合的新农科教学模式下，提升学生的参与度与反馈效率是提高教学质量的关键。通过引入先进技术，如智慧农业模拟软件，学生可以实时观察作物生长情况，并根据数据作出决策，这种实践极大地提高了学生的参与热情。例如，某农业大学引入智慧农业模拟系统后，学生参与度提升了 30%，反馈效率提高了 25%。此外，采用案例教学法，结合真实耕读教育背景下的农业问题，能够激发学生的思考与讨论，从而提高反馈的质量与速度。根据布卢姆的教育目标分类学，通过设定明确的认知、情感和动作技能目标，可以更有效地引导学生参与并提供有针对性的反馈。

（三）教师主导与学生主动反馈的平衡机制

在智慧农业与耕读教育融合的新农科教学模式中，教师主导与学生主动反馈的平衡机制是确保教学质量和提升学生参与度的关键。通过引入数据分析模型，如教学反馈循环模型（teaching feedback loop model），可以有效地监控和评估教学活动中的互动质量。例如，一项研究表明，在智慧农业技术辅助下，通过实时数据收集和分析，教师能够及时调整教学策略，从而提高学生的学习效率和满意度。此外，结合耕读教育理念，鼓励学生主动参与反馈过程，如通过建立学生反馈小组，定期收集学生对课程内容、教学方法和学习资源的意见，可以进一步提高教学内容与学生需求之间的匹配度。

（四）智慧农业技术在教学反馈中的创新应用

在智慧农业技术的辅助下，教学反馈机制的创新应用逐步成为新农科教学改革的重要推动力。通过集成物联网传感器、大数据分析技术和人工智能算法，人们能够实时监控作物生长状况，并对环境变化作出快速响应。例如，利用无人机搭载的高分辨率摄像头和传感器，可以对农田进行精确监测，收集关于土壤湿度、作物生长状况和病虫害分布的数据，之后通过云计算平台分析这些数据，生成可视化的反馈报告，使教师和学生及时了解教学实验的进展和效果，从而调整教学策略和实验方案。

智慧农业技术在教学反馈中的应用，不仅提高了数据收集的效率和准确性，还促进了学生参与度的提升。例如，通过使用智能温室环境控制系统，学生可以直接观察到不同环境参数对作物生长的影响，这种实践增强了学生的实践能力和问题解决能力。此外，结合虚拟现实（VR）和增强现实（AR）技术，学生可以进入模拟的智慧农业环境中，进行虚拟种植和管理，这种创新的教学方式使学生能够从多角度、多层面理解和掌握农业知识。

教学反馈机制的创新应用还体现在对耕读教育理念的传承与发扬上。耕读教育强调"知行合一"，智慧农业技术的应用使学生能够将理论知识与实际操作相结合，通过实时反馈和动态调整，学生能够更加深刻地理解农业生产的复杂性和科学性。

（五）基于耕读教育理念的反馈文化的创造

在智慧农业与耕读教育融合的新农科教学中，反馈文化的创造显得尤为重要。通过构建开放、包容的反馈环境，学生和教师可以共同参与到教学内容和方法的改进中来。例如，某农业大学在实施耕读教育项目时，通过引入智慧农业技术，如物联网传感器，收集学生在田间实践中的实时反馈，从而及时调整教学计划。数据显示，这种即时反馈机制使得课程满意度提升了20%，学生参与度也显著增加。此外，引用孔子的"教无定法"，强调教学方法应灵活多变，与智慧农业技术提供的个性化反馈数据相结合，为教师提供更精准的教学调整依据。案例分析表明，当反馈文化与耕读教育理念相结合时，不仅能够提升教学质量，还能促进学生对农业知识的深入理解和实践能力的提高。

（六）教学反馈机制的实施策略

在智慧农业与耕读教育融合的新农科教学中，实施教学反馈机制是提升教学质量的关键。通过构建多维度的教学反馈体系，可以实现对学生学习成效的全面监控。例如，利用大数据分析技术，收集学生在智慧农业平台上的操作数据，分析学生的学习习惯和知识掌握情况，从而为教师提供精准的教学调整依据。此外，引入案例教学法，通过分析国内外成功的智慧农业教育案例，如荷兰的"绿色教育"项目，可以为新农科教学提供实践指导，进一步优化反馈机制。

二、动态调整机制的实施

（一）动态调整机制的目标设定与指标体系

在智慧农业与耕读教育融合的新农科教学中，动态调整机制的目标设定与指标体系是确保教学质量与时代发展同步的关键。目标设定需围绕提升学生的实践能力、增强课程内容的时效性以及促进教学方法的创新方面进行。例如，通过引入智慧农业技术，设定具体目标，如提高作物产量 10%、减少资源浪费 20% 等。指标体系应包括学生满意度、课程更新频率、教师与学生的互动质量等内容，以全面评估教学效果。例如，某农业大学通过引入智慧农业技术，成功将作物生长周期缩短了 15%，同时学生的参与度提升了 30%，这不仅体现了技术在教学中的应用价值，也反映了动态调整机制的有效性。此外，采用 SWOT 分析模型，可以系统地评估智慧农业技术在教学中的优势、劣势、机会与威胁，从而为动态调整提供科学依据。

（二）农科课程内容的动态更新与优化策略

在智慧农业与耕读教育融合的背景下，农科课程内容的动态更新与优化策略显得尤为重要。随着科技的快速发展，特别是信息技术在农业领域的广泛应用，传统的农科教育内容已无法满足现代农业发展的需求。因此，课程内容的更新必须紧跟科技前沿，如将物联网、大数据分析等现代技术纳入教学大纲，以确保学生能够掌握最新的农业知识和技能。

课程内容的优化还应结合耕读教育理念，强调理论与实践相结合。例如，通过案例教学法，将智慧农业的成功案例融入课程，让学生在学习理论的同时，能够分析和解决实际问题。此外，可以引入项目式学习，鼓励学生参与到智慧农业的实际项目中，通过实践来深化对课程内容的理解。正如孔子在《论语·雍也》中所言："知之者不如好之者，好之者不如乐之者。"通过激发学生的学习兴趣和参与热情，可以有效提升教学效果。

在课程内容动态更新与优化的过程中，教育者应采用科学的分析模型，如SWOT分析模型，来评估现有课程的适应性和改进空间。通过定期的课程评估和反馈收集，结合学生、教师和行业专家的意见，不断调整和优化课程设置。例如，可以定期举办课程评审会议，邀请行业专家参与，确保课程内容与行业需求一致。同时，利用智慧农业技术，如在线学习平台和虚拟实验室，为学生提供更加丰富和灵活的学习资源，以适应不同学习者的需求。

（三）学生学习反馈在动态调整机制中的整合应用

在智慧农业与耕读教育融合的新农科教学模式下，学生学习反馈在动态调整机制中的整合应用显得尤为重要。通过收集和分析学生的学习反馈数据，教育者可以及时调整教学内容和方法，以适应学生的学习需求和智慧农业技术的快速发展。例如，一项针对智慧农业课程的调查研究显示，当学生反馈特定的农业技术模块过于理论化时，教师可以利用智慧农业技术，如虚拟现实（VR）或增强现实（AR）技术，将理论与实践相结合，提高学生的参与度和理解力。此外，通过构建一个基于反馈的动态调整模型，如 PDCA（计划 – 执行 – 检查 – 行动）循环，可以确保教学策略的持续改进。通过将学生反馈整合到动态调整机制中，不仅为学生提供了适应未来智慧农业挑战的教育，而且使学习过程本身成为一种富有成效和意义的体验。

（四）智慧农业技术辅助下的动态调整决策支持系统

在智慧农业技术辅助下的动态调整决策支持系统中，数据的实时采集与分析是核心。例如，通过物联网传感器收集作物生长数据，结合大数据分析模型，预测可能出现的问题。这种基于数据驱动的决策过程，能够显著提高农业生产的效率和精准度。

此外，动态调整决策支持系统还应整合学生的学习反馈，以确保教学内容与学生需求一致。例如，通过在线学习平台收集学生对课程内容的反馈，结合机器学习算法，对教学内容进行个性化调整。这种调整不仅能够提升学生的学习兴趣和参与度，还能确保教学内容的时效性和实用性。在耕读教育理念的指导下，这种动态调整机制能够更好地培养学生的实践能力和创新精神。

智慧农业技术辅助下的动态调整决策支持系统还应包括跨学科协作的实践。通过与计算机科学、教育学等其他学科的专家合作，可以开发出更为先进的决策支持工具。例如，利用人工智能算法优化教学资源的分配，或者通过模拟仿真技术预测不同教学策略的预期效果。这种跨学科的协作模式不仅能够提升决策支持系统的科学性和准确性，还能够促进新农科教学的创新与发展。

（五）跨学科协作在动态调整机制中的作用与实践

在智慧农业与耕读教育融合的背景下，跨学科协作在动态调整机制中扮演着至关重要的角色。通过整合不同学科的理论与实践，可以实现教学内容与方法的创新，从而提升新农科教学的质量。例如，将信息技术与农业科学相结合，可以利用大数据分析技术来优化作物种植方案，提高农作物的产量和质量。在动态调整机制中，跨学科团队可以运用案例研究法，分析国内外智慧农业教育的成功案例，如荷兰的"绿色教育"模式，以及中国农业大学的"智慧农业实验班"，从中提炼出可操作的策略和方法。"创新是创造新的价值"，跨学科协作正是通过创造新的价值来推动教育模式的创新。在动态调整机制的操作流程中，跨学科团队需要定期评估教学效果，及时调整教学策略，确保教学内容与智慧农业发展的最新趋势一致。通过这种动态调整，可以确保教学内容的时效性和前瞻性，为学生提供与未来职业需求相匹配的知识和技能。

（六）动态调整机制的操作流程

在智慧农业与耕读教育融合的背景下，动态调整机制的操作流程是确保教学质量和适应性的重要环节。首先，目标设定与指标体系的建立是动态调整的起点，它需要基于对智慧农业发展趋势的深刻理解以及耕读教育理念的深入贯彻。例如，通过引入 SMART 原则，确保每个教学目标都是明确且可执行的。其次，农科课程内容的动态更新与优化策略需要依据学生的学习反馈和智慧农业技术的最新进展进行调整，以保证教学内容的时效性和前瞻性。例如，通过数据分析，发现学生在智慧农业技术应用方面的学习成效低于预期，课程设计者可以及时引入新的案例研究和实践操作，以提高学生的实际操作能力。

在动态调整机制中，学生学习反馈的整合应用是关键。通过建立一个全面的反馈收集系统，如使用在线调查工具和学习管理系统（LMS），可以实时监控学生的学习进度。例如，一项针对智慧农业课程的调查揭示了学生对特定技术模块的困惑，教师可以据此调整教学方法，如增加互动式学习环节或提供额外的在线资源。智慧农业技术辅助下的动态调整决策支持系统，如利用大数据分析技术和人工智能算法，可以进一步提高决策的精确性和效率。例如，通过分析学生的学习行为数据，系统可以预测哪些教学内容可能需要调整，并为教师提供个性化的教学建议。

跨学科协作在动态调整机制中的作用不容忽视。智慧农业的复杂性要求农科教育必须整合不同学科的知识和技能。通过建立跨学科团队，可以促进不同领域专家之间的知识共享。例如，一个由农业科学家、教育专家和技术开发者组成的团队，可以共同开发出更符合实际需求的课程内容和教学方法。动态调整机制的必要性分析表明，只有不断适应外部环境的变化和内部教学需求的演进，才能保持教学活动的活力和相关性。操作流程的规范化和透明化，如定期进行课程评审会议和反馈循环，确保了动态调整机制的有效实施。

三、教学反馈与动态调整的协同效应

（一）协同效应下的教学质量优化路径

在智慧农业与耕读教育融合的背景下，教学质量的优化路径需要借助协同效应，通过教学反馈与动态调整机制的相互作用来实现。例如，通过引入智慧农业技术，如物联网传感器，可以实时监控学生的学习进度，从而为教师提供精确的数据支持，以调整教学策略。此外，耕读教育强调理论与实践相结合，通过将学生置于真实的农业环境中，不仅能够增强他们的实践技能，还能激发他们对农业科学的兴趣和热情。在协同效应的推动下，教学质量的优化路径应包括定期进行反馈收集和分析，以及基于反馈的课程内容和教学方法的及时调整。例如，通过案例研究，人们可以看到某农业大学通过实施智慧农业技术，结合耕读教育理念，成功地将传统课堂与田间实践相结合，学生的实践能力得到了显著提升；同时，通过动态调整机制，课程内容的更新频率提高了30%，确保了教学内容的时效性和前瞻性。

（二）反馈与调整机制的紧密融合对教学策略的改进作用

在智慧农业与耕读教育融合的背景下，反馈与调整机制的紧密融合对教学策略有一定的改进作用。通过构建一个全面的教学反馈系统，可以实时收集学生的学习数据和反馈信息，从而为教师提供精准的教学调整依据。例如，利用智慧农业技术，如物联网传感器，可以监测学生在实践操作中的表现，及时发现并解决他们在耕读教育实践中的问题。通过实时反馈，教师能够将课程内容调整得更加贴近实际需求，这样有助于提升学生的学习效率和满意度，达到提高教学质量的目的。

（三）智慧农业背景下的教育响应速度提升

在智慧农业与耕读教育融合的背景下，教育响应速度的提升显得尤为重要。智慧农业技术的应用，如物联网、大数据分析技术和人工智能技术，为农业教育提供了实时数据处理和决策支持的能力。例如，通过安装在农田中的传感器，学生和教师可以实时监控作物生长状况，及时调整灌溉和施肥策略。这种即时反馈机制不仅提高了教学的互动性和实践性，而且加快了教育内容与实际应用之间的转化速度。

（四）协同效应有助于教育资源的合理分配

在智慧农业与耕读教育融合的背景下，协同效应对于教育资源的合理分配起到了至关重要的作用。通过教学反馈与动态调整机制的相互作用，可以实现对教育资源的精准配置。例如，通过收集和分析学生的学习数据，教师可以及时调整教学策略，确保资源向那些需要更多关注的学生倾斜。智能辅导系统 Knewton 能够实时分析学生的学习数据，为学生提供个性化的学习方案。接受个性化学习方案的学生，其学习成绩的提升幅度比传统学习模式下的学生平均高出 20% ～ 30%。这表明，通过动态调整机制，可以优化教育资源的分配方式，从而提高整体的教学效果。

（五）教学创新与动态调整机制的相互促进

在智慧农业与耕读教育融合的背景下，教学创新与动态调整机制的相互促进成为提升新农科教学质量的关键。通过引入智慧农业技术，如物联网、大数据分析技术，可以实时收集和分析学生的学习数据，从而为教师提供精准的教学调整依据。例如，通过分析学生在智慧农业平台上的操作数据，教师可以及时发现学生在作物生长周期管理或病虫害防治方面的知识盲点，并据此调整教学策略，实现个性化教学。这种基于数据驱动的动态调整机制不仅提高了教学的针对性和有效性，而且促进了教学内容和方法的创新。智慧农业技术的应用，使得教育与实际生产紧密结合，学生在学习过程中能够深入真实的工作场景，从而激发他们的学习兴趣和创新潜能。

第七章　案例分析与应用实践

第一节　国内外智慧农业教育的典型案例

一、国内智慧农业教育案例

（一）案例一：中国农业大学智慧农业实验基地

在中国农业大学智慧农业实验基地，智慧农业技术的应用已经深入农业教育的各个层面。实验基地采用先进的物联网技术，实现对农作物生长环境的实时监控和精准管理。例如，通过安装在田间的传感器，可以实时监测土壤湿度、温度、光照强度等关键指标，并通过无线网络将数据传输至中央控制系统。这些数据可以帮助学生理解作物生长的环境需求。又如，在作物生长监测课程中，学生可以利用无人机搭载的高分辨率相机进行作物生长状况的实时监测，通过分析数据来调整灌溉和施肥计划，从而实现精准农业管理。此外，实验基地还引入了卫星遥感技术，用于大范围的作物监测和病虫害预警，这些技术的应用显著提高了农业生产的效率和精准度。

（二）案例二：江苏省智慧农业示范园

1.示范园的智能监控系统与教学应用

在智慧农业教育的实践中，智能监控系统作为技术核心，为农业教育提供了丰富的教学资源和实践平台。以江苏省智慧农业示范园为例，该示范园通过部署先进的智能监控系统，实现了对农作物生长环境（温度、湿度、光照强度等）的实时监控。这些数据不仅为科研人员提供了宝贵的实验数据，也为学生提供了直观的学习材料。通过智能监控系统，学生能够实时观察到作物生长状况，分析作物生长与环境因素之间的关系，从而加深对农业科学的理解。此外，示范园还开发了基于大数据分析的教学模型，通过收集和分析大量农业数据，帮助学生掌握如何利用数据驱动的决策来优化农业生产。可以说，智能监控系统在智慧农业教育中的应用，是将数据转化为知识和智慧的过程。

2.农业大数据在教学中的运用

在智慧农业教育中，农业大数据的应用已成为提升教学质量和学生实践能力的关键因素。以江苏省智慧农业示范园为例，该示范园通过部署先进的智能监控系统，收集了大量关于作物生长、土壤状况、气候条件的数据。这些数据不仅为科研人员提供了宝贵的实验资源，也为教学提供了丰富的案例素材。在教学过程中，教师可以引导学生运用数据分析模型，如回归分析、时间序列分析等，来预测作物产量和病虫害发生概率，从而让学生在实践中学习如何利用大数据进行科学决策。

二、国外智慧农业教育案例

（一）案例一：荷兰瓦赫宁根大学智慧农业项目

1.项目中的创新教学方法与技术

在国际交流与合作方面，荷兰瓦赫宁根大学的智慧农业项目展示了跨国合作在教育创新中的重要性。该项目通过与全球多个研究机构和企业的合作，引入了先进的智能温室技术，为学生提供了接触国际前沿智慧农业技术的机会。学生不仅能够学习到如何运用这些技术提高作物产量，还能通过运用分析模型，如作物生长模型和资源优化模型，来预测和评估不同农业管理策略的效果。这种跨学科、跨国界的合作模式不仅拓宽了学生的国际视野，也促进了智慧农业教育的全球化发展。

2.智慧农业技术在提高作物产量中的作用

在荷兰瓦赫宁根大学的智慧农业项目中，智慧农业技术的应用进一步推动了作物产量的提升。该项目通过采用智能决策支持系统，分析了土壤、气候和作物生长数据，并为农民提供了精准的种植建议。据研究，这种基于模型的决策支持系统能够使作物产量增加 10% 至 15%。可见，智慧农业不仅仅是技术的堆砌，更是对传统农业知识的革新和升级。

（二）案例二：美国加州大学戴维斯分校的智能温室

1.智能温室技术在教学中的应用

在智慧农业教育中，智能温室技术的应用为农业院校提供了先进的教学和研究平台。以美国加州大学戴维斯分校的智能温室为例，该温室配备了先进的环境控制系统，能够精确控制温度、湿度、光照和二氧化碳浓度等关键生长因素。通过这些技术，学生能够实时观察作物生长环境的变化，并学习如何根据作物生长需求调整温室环境。智能温室中的数据采集系统为学生提供了大量实践数据，他们可以运用这些数据进行分析，从而深入理解作物生长与环境条件之间的关系。此外，智能温室还可以模拟不同气候条件下的作物生长，为学生提供了在多样化环境下学习的机会，这不仅增强了他们的实践技能，也激发了他们对智慧农业技术的兴趣。

2.学生参与智慧农业项目的实践

在美国加州大学戴维斯分校的智能温室项目中，学生参与实践的机会众多。智能温室利用先进的环境控制系统，模拟不同的气候条件，让学生在可控的环境中进行作物种植实验。学生通过亲自操作智能温室的设备，学习如何根据作物生长的需要调整光照、温度、湿度等参数。这种实践不仅加深了学生对农业科学的理解，而且培养了他们解决复杂问题的能力。美国加州大学戴维斯分校的智能温室项目通过提供真实的农业操作环境，让学生在实践中学习和成长，为他们未来在智慧农业领域的职业发展打下了坚实的基础。

第二节　耕读教育与智慧农业融合的成功实践

一、教学理念的融合：耕读与智慧农业的结合

（一）耕读文化对智慧农业教育的启示

耕读文化作为中国传统文化的重要组成部分，其核心在于"耕以养身，读以养心"，强调了劳动与学习的和谐统一。在智慧农业教育中，耕读文化的启示意义深远。

首先，耕读文化倡导的理论与实践相结合的教学理念，为智慧农业教育提供了宝贵的经验。通过将传统耕作与现代农业技术相结合，学生不仅能够掌握先进的农业技术，还能深刻理解农业生产的实际需求和环境影响。例如，某农业大学通过引入智慧农业技术，结合传统耕作实践，使学生在学习过程中能够实时监测作物生长状况，分析数据，优化种植方案，这种教学模式有效提升了学生的实践能力和创新思维。

其次，耕读文化还强调了人与自然的和谐共生，这一点在智慧农业

教育中同样适用。智慧农业教育应注重培养学生对生态环境的尊重和保护意识，通过引入生态农业、循环农业等理念，使学生在掌握现代技术的同时，能够遵循自然规律，实现可持续发展。例如，通过采用生态农业系统，学生可以学习如何利用生物多样性来控制病虫害，减少化学农药的使用，这不仅保护了环境，也提高了农产品的质量和安全性。

最后，耕读文化中的勤勉精神，对于智慧农业教育同样具有重要的启示作用。在智慧农业教育中，应鼓励学生发扬这种精神，不断探索和创新，以适应快速变化的农业技术环境。通过案例教学、项目驱动等教学方法，激发学生的学习兴趣和创新潜能，使他们能够在智慧农业的浪潮中成为引领行业发展的中坚力量。例如，在某农业科技创新项目中，学生团队通过研究智能灌溉系统，成功提高了水资源的利用效率，减少了农业用水量，这一成果不仅体现了耕读文化勤勉精神的现代应用，也为智慧农业的发展贡献了力量。

（二）智慧农业理念对耕读教育的推动作用

在智慧农业理念的推动下，耕读教育迎来前所未有的发展机遇。智慧农业作为现代农业发展的高级阶段，强调利用物联网、大数据分析等现代科技手段，实现农业生产的精准化、智能化管理。这一理念的融入，不仅为耕读教育注入了新的活力，也为其现代化转型提供了坚实的技术支撑和理论基础。例如，通过引入智能监控系统，学生可以实时了解作物生长状况，结合数据驱动的决策模型，进行科学种植和管理。这种理论与实践相结合的教学模式极大地提高了学生的学习兴趣和实践能力。

（三）耕读教育与智慧农业：互补共生的教学理念构建

在融合耕读教育与智慧农业的教学理念构建中，教师不仅需要了解耕读文化的深厚底蕴，更要展望智慧农业的未来趋势。耕读文化强调的是人与自然的和谐共生，以及知识与劳动的结合，这与智慧农业中利用现代信息技术优化农业生产、提高资源利用效率的理念不谋而合。例如，通过物联网技术实现的精准农业，可以将耕读文化中的"精耕细作"理念提升到新的高度。在教学实践中，可以采用"知行合一"的教育模型，将理论知识与实际操作紧密结合，使学生在实践中深化对智慧农业技术的理解和应用。此外，学校可以与当地农场合作，利用大数据分析作物生长情况，制定作物生长方案，这样不仅提高了作物产量，还保护了生态环境，更体现了耕读教育与智慧农业互补共生的教育理念。

（四）融合教育理念下的农业人才培养目标

在融合教育理念下，不仅要让学生掌握现代农业科技知识，更要提高其实践能力。例如，通过引入智慧农业技术，学生可以利用物联网、大数据分析等手段，对农作物生长环境进行实时监控和精准管理，从而提高作物产量和质量。同时，耕读文化的融入，使学生在学习过程中能够体会到"农本"思想的精髓，理解"天人合一"的哲学理念，从而在现代农业生产中实现可持续发展。据《中国农业教育》杂志报道，将耕读文化与智慧农业相结合的教育模式，能够有效提升学生的创新能力和实践技能，为农业现代化培养出更多复合型人才。

二、教学内容的创新：课程体系的重构

（一）耕读教育相关课程的设置与教学内容

耕读教育相关课程的设置与教学内容是构建知识体系的基石。课程设计需深入挖掘耕读文化的历史底蕴，将传统农耕知识与现代智慧农业技术相结合，形成独特的教学内容。例如，通过引入"农事历法"课程，学生不仅能够学习到古代农民如何根据季节变化安排农事活动，还能理解这些传统知识在现代农业生产中的应用价值。此外，结合现代信息技术，如物联网、大数据分析等，增加"智慧农业数据管理"模块，让学生掌握如何利用数据驱动农业生产决策。在案例分析方面，可以通过

"袁隆平杂交水稻项目"的成功实践，探讨如何将传统耕作智慧与现代科技相结合，提高作物产量和质量。通过这些课程内容的设置，学生能够深刻了解耕读文化与智慧农业的内在联系，为未来在农业领域的创新与实践打下坚实的基础。

（二）智慧农业相关课程的设置与教学内容

在融合耕读与智慧农业的高等农业教育创新教学模式中，智慧农业相关课程的设置与教学内容是重要组成部分。课程体系的重构需紧跟现代农业技术的发展趋势，如引入农业物联网、大数据分析等前沿技术，使学生能够掌握现代农业生产的关键技术与管理方法。例如，通过分析某农业大学的课程设置，发现其智慧农业课程覆盖了从土壤分析、作物生长监测到农产品加工与营销的全过程，强调了数据驱动的决策过程。

在教学内容上，智慧农业课程不仅注重理论知识的传授，更注重实践技能的培养。例如，通过案例教学法，学生可以学习到如何利用无人机进行作物病虫害监测，或者如何运用智能传感器优化灌溉系统。此外，课程内容还应融入耕读文化，强调农业与自然和谐共生的理念，如引用《寡人之于国也》中的"不违农时，谷不可胜食也"，来强调农业生产的季节性和可持续性。

智慧农业课程的设置还应结合当前的行业需求，如随着全球气候变化对农业生产的影响日益显著，课程中应包含气候变化对农业影响的分析模型，以及如何通过智慧农业技术来应对这些挑战。通过这些课程内容的设置，学生不仅能够获得必要的知识和技能，还能培养出解决实际问题的能力，为未来在智慧农业领域的创新与实践打下坚实的基础。

三、教学方法的改革：实践与技术的融合

（一）传统耕读教育与现代教学技术的结合

在融合传统耕读教育与现代教学技术的过程中，人们发现，传统耕

读教育强调的"知行合一"与现代教学技术的"互动性"和"即时反馈"特性可以形成互补。例如，通过虚拟现实（VR）技术，学生可以在模拟的智慧农场环境中体验耕作过程，这种沉浸式学习不仅增强了学习的趣味性，还提高了学生对农业知识的理解和应用能力。此外，结合耕读教育的"勤于实践"理念，现代教学技术如智能教学平台，能够为学生提供灵活的学习时间和丰富的学习资源，使学生能够根据自己的节奏和兴趣深入探索智慧农业的各个方面。

（二）智慧农业技术在教学中的应用

在教学中应用智慧农业技术也是一种创新的教学方法。例如，通过引入遥感技术、地理信息系统（GIS）和物联网（IoT）等技术，学生可以实时监测作物生长状况，分析土壤湿度、养分含量等关键数据，从而作出科学的种植决策。又如，在某农业大学的实验中，学生通过使用无人机搭载的多光谱相机，对农田进行航拍，获取作物生长的高清图像，并结合图像处理软件进行分析，成功地识别出作物的病害区域，准确率达到90%。这一过程不仅加深了学生对智慧农业技术的理解，也锻炼了他们解决实际问题的能力。正如美国发明家本杰明·富兰克林在《穷理查年鉴：财富之路》中所言："告诉我，我可能会忘记；教我，我可能会记住；让我参与，我将学会。"通过参与式教学，将理论知识与实际操作紧密结合，为未来智慧农业的发展培养具备创新能力和实践技能的人才。

四、教学环境的优化：智慧农场与实验室建设

（一）智慧农场的建设与耕读教育的实践环境

在融合耕读与智慧农业的高等农业教育创新教学模式中，智慧农场成为耕读教育实践环境的重要组成部分。智慧农场不仅是一个现代农业技术的展示平台，更是耕读文化与现代教育理念相结合的实践基地。例

如，某农业大学通过引入物联网技术，建立了智能温室，实现了作物生长环境的精准控制，这不仅提高了作物产量和品质，也为学生提供了实时监测和数据分析的机会。通过这样的实践环境，可以培养出既了解传统农耕智慧又掌握现代科技的复合型人才。

智慧农场的建设应注重生态平衡。在设计智慧农场时，可以借鉴"生态足迹"模型，评估农场活动对环境的影响，确保农业生产的可持续性。例如，通过设置太阳能板和雨水收集系统，农场不仅能够减少对化石能源的依赖，还能为学生提供关于可再生能源利用的生动教学案例。此外，智慧农场还可以作为耕读教育的实践基地，通过开展传统农耕活动，如手工耕作、有机种植等，让学生体验和学习传统耕读文化，从而在实践中传承和弘扬耕读精神。

（二）智慧农业实验室的建设与教学资源的整合

在融合耕读与智慧农业的高等农业教育创新教学模式中，智慧农业实验室的建设与教学资源的整合是关键环节。实验室不仅是技术实践的场所，更是连接理论与实践的桥梁。例如，某农业大学通过引入物联网技术，建立了智能农业实验室，其中配备了先进的环境监测系统和自动化控制设备，能够实时收集和分析作物生长数据。通过这些数据，学生能够学习如何根据作物生长的实时反馈调整环境参数，实现精准农业管理。此外，实验室还整合了虚拟现实（VR）和增强现实（AR）技术，为学生提供了沉浸式的学习体验，使他们能够在虚拟环境中模拟农业操作，提高学习效率和兴趣。

五、教学评价的创新：多维度评价体系的建立

（一）结合耕读教育与智慧农业的教学评价标准

结合耕读教育与智慧农业的教学评价标准强调以学生为中心，注重

知识与实践的结合，以及创新与传统的融合。评价体系不仅关注学生的理论知识掌握程度，更重视其在智慧农业技术应用和耕读文化传承方面的能力。例如，通过引入案例分析法，学生可以对智慧农业科研项目中的耕读教育实践进行深入探讨，从而提升解决实际问题的能力。此外，结合数据分析模型，如SWOT分析模型，学生能够评估智慧农业产品开发与耕读文化传承结合的案例，从而理解如何在保持文化传统的同时，推动技术创新。

（二）创新教学评价方法与反馈机制

在评价体系中，创新教学评价方法与反馈机制是确保教育质量与适应性的重要环节。传统的考试和评分系统往往无法全面反映学生在智慧农业领域的实际操作能力和创新思维。因此，引入基于项目学习（project-based learning, PBL）的评价模型，可以更有效地衡量学生在真实情境中解决问题的能力。例如，在与耕读文化相结合的智慧农业项目中，学生不仅需要运用所学知识解决实际问题，还要展示其对耕读精神的理解和应用。在评价时，可以采用360度反馈机制，结合教师评价、同伴评价、自我评价以及行业专家的评价，形成一个多维度的评价体系。此外，利用大数据分析学生在智慧农业实验室和智慧农场中的表现，可以为学生提供个性化的反馈和建议，帮助他们在未来的学习和工作中不断进步。

六、耕读教育与智慧农业在产学研中的应用案例

（一）智慧农业科研项目中的耕读教育实践

在智慧农业科研项目中，与耕读教育实践的融合体现了教育理念的创新与技术应用的深度结合。以某高等农业院校为例，该院校在智慧农业科研项目中引入耕读教育元素，通过构建"理论＋实践"的教学模式，

成功地将传统耕读文化与现代智慧农业技术相结合。在项目实施过程中，学生不仅学习了先进的农业信息技术，如物联网、大数据分析等，还参与了实地耕作，体验了传统农耕文化。通过这种模式，可以让学生更深刻地理解农业生产的全过程，从而培养出既懂技术又尊重传统的复合型人才。

在耕读教育与智慧农业的结合中，一个显著的案例是"智慧农场"项目的实施。该项目通过引入智能监控系统、自动化灌溉和精准施肥技术，实现了对农作物生长环境的实时监控和管理。同时，该项目还融入了耕读文化元素，如在农场内设立传统农具展示区和耕读文化体验区，让学生在体验现代科技的同时，能够感受到传统农耕文化的魅力。通过这种实践，学生能够更好地了解农业发展的历史脉络，以及科技与文化如何相互促进、共同进步。

（二）校企合作下的智慧农业创新平台建设

在融合耕读与智慧农业的高等农业教育创新教学模式中，校企合作下的智慧农业创新平台建设显得尤为重要。通过校企合作，可以将学术研究与产业实践紧密结合，形成产学研一体化的发展模式。例如，某农业大学与当地知名智慧农业企业合作，共同建立了智慧农业创新平台，该平台不仅为学生提供了实践操作的机会，还促进了科研成果的快速转化。在这一过程中，企业提供的资金和市场经验与高校的科研力量和创新思维相结合，共同推动了智慧农业技术的发展和应用。据统计，该平台自建立以来，已成功发明多项智慧农业技术，其中的智能灌溉系统，通过精准控制水分供给，使作物产量提高了约 20%，同时节水效率提升了 30%。

在构建智慧农业创新平台时，高校与企业共同开发了"产学研一体化路径探索"模型，该模型强调在产业、学术和科研三个维度上实现无缝对接。通过这一模型，学生不仅能够学习到最新的智慧农业技术，还能参与到实际的项目中，体验从理论到实践的全过程。例如，学生在参与智慧农业科研项目时，能够运用耕读教育中强调的理论与实践相结合的方法，将传统农业知识与现代信息技术相结合，设计出适应当地环境的智慧农业解决方案。这种模式的实施，不仅提升了学生的综合能力，也为智慧农业的长远发展注入了新鲜血液。

此外，智慧农业创新平台的建设还注重耕读文化与智慧农业的融合。在平台建设过程中，可融入耕读文化中的可持续发展理念，强调人与自然和谐共生的重要性。通过引入耕读文化中的"天人合一"思想，智慧农业创新平台在技术开发和应用中更加注重生态平衡和环境保护。例如，平台开发的智能病虫害监测系统不仅提高了农作物的产量和质量，还减少了农药的使用量，保护了生态环境。这种将传统耕读文化与现代智慧农业技术相结合的做法，不仅提升了农业生产的效率和质量，也为农业可持续发展提供了新的思路。

（三）耕读教育理念在智慧农业企业培训中的应用

在智慧农业企业培训中，耕读教育理念的融入不仅丰富了培训内容，也提升了员工的综合素质。耕读教育强调的"知行合一"，在智慧农业的背景下，转化为理论与实践的紧密结合。例如，培训课程可以结合实际的智慧农业项目，如智能温室的管理、精准农业的实施等，让员工在分析真实案例的过程中，深化对智慧农业技术的理解和应用。

在智慧农业企业培训中，耕读教育理念的应用还体现在对员工创新思维的培养上。耕读文化倡导的"勤于思考，勇于实践"的精神，激励员工在面对智慧农业技术的挑战时，能够主动思考、积极创新。例如，通过设置"创新工作坊"，鼓励员工围绕智慧农业中的问题，如作物病虫害的智能监测、农业资源的高效利用等，进行小组讨论和方案设计。这种培训方式不仅能够激发员工的创新潜能，还能够促进团队合作，形成知识共享和经验交流的良好氛围。

耕读教育理念在智慧农业企业培训中的应用还体现在对员工终身学习意识的培养上。耕读文化强调"活到老，学到老"，这与智慧农业快速发展的需求不谋而合。企业可以通过建立在线学习平台，提供丰富的在线课程资源，如智慧农业技术的最新进展、农业大数据等，鼓励员工在工作之余进行自我提升。同时，通过定期的知识竞赛和技能考核，激发员工的学习热情，确保员工的知识和技能能够与时俱进，满足智慧农业发展的需要。

（四）智慧农业产品开发与耕读文化传承的结合案例

将传统耕读文化与现代智慧农业技术相结合，不仅能够提升产品的文化附加值，还能促进农业教育的创新。例如，某农业大学与当地企业合作开发的"智慧种子库"项目，通过引入物联网技术，实现了种子的精准管理与智能培育。该项目不仅提高了种子的存活率和产量，还通过数字化手段记录了种子的种植情况，将耕读文化中的"农事记事"传统以现代形式保存和传承。此外，结合耕读文化中的"勤耕不辍"精神，该项目还开发了面向农民的在线教育平台，提供智慧农业知识培训课程，使农民能够更好地掌握现代农业技术，实现传统与现代的无缝对接。

在智慧农业产品开发的过程中，同样体现了耕读文化。以"耕读茶"为例，这款产品不仅在种植过程中采用了生态友好型的智慧农业技术，确保茶叶的高品质，还在包装设计上融入了耕读文化元素，如古诗文、农耕图等，使消费者在品茶的同时，能够感受到耕读文化的深厚底蕴。可以说，智慧农业与耕读文化的结合不仅提升了产品的市场竞争力，也促进了文化传承的现代化表达。

在产学研一体化的路径探索中，智慧农业与耕读文化的结合案例也显示出其独特的价值。例如，某高校的智慧农业研究中心与地方农业企业合作，共同开发了一套"耕读智慧农业管理系统"，该系统设计了耕读文化教育模块，通过古代农书中的耕作智慧，结合现代数据分析技术，为用户提供个性化的农业种植建议。这种结合不仅提升了农业生产的智能化水平，也使得耕读文化在现代智慧农业中焕发出新的生命力。

第三节 新农科教育中的问题与对策

一、新农科教育存在的问题

（一）课程内容更新滞后

在新农科教育领域，课程内容更新滞后的问题比较突出，这不仅影响了学生对现代农业知识的掌握，也影响了农业科技创新与应用的进程。以 2019 年的一项调查为例，超过 60% 的农业院校课程内容至少 5 年未进行过重大更新，这与现代农业技术日新月异的发展速度形成了鲜明对比。例如，基因编辑技术 CRISPR-Cas9 在 2012 年才被发现，但其在农业领域的应用潜力巨大，若课程内容不能及时体现此类前沿技术，学生将难以适应未来农业发展的需求。

（二）教师队伍缺乏实践经验

在新农科教育领域，教师队伍的实践经验不足已成为影响教育质量提升的关键因素。相关研究显示，在当前新农科教师中，具有实际农业工作经验的不足 30%，这直接影响了教学内容的实用性和前沿性。例如，一项针对农业院校教师的调查显示，仅有 15% 的教师在过去 5 年内参与过实际的农业生产活动，超过 60% 的教师表示他们的教学主要依赖于课本知识和理论讲解。

（三）学生创新能力和实践能力不足

在新农科教育中，学生创新能力和实践能力不足已成为影响农业科技进步和农业可持续发展的重要因素。相关研究显示，当前农业院校学生在创新思维和实际操作技能方面存在明显短板，这不仅影响了学生个人的全面发展，也对农业产业的转型升级构成了挑战。

（四）校企合作机制不健全

新农科教育在培养现代农业人才方面发挥着至关重要的作用，然而，校企合作机制的不健全影响了教育质量和学生实践能力的提升。据统计，目前仅有不到30%的农业院校与企业建立了稳定的合作关系，这导致学生在校园内难以接触到真实的行业环境和先进的农业技术。例如，一项针对农科专业学生的调查表明，超过60%的学生认为自己的实践机会不足，无法满足未来就业的需求。

（五）实验实训设施陈旧

在新农科教育中，实验实训设施陈旧的问题影响了学生实践能力的培养和现代农业技术的传授。以某农业大学为例，其农业工程学院的实验室设备多数购置于10年前，已无法满足当前农业机械化、智能化等领域的教学需求。根据一项对全国农业院校的调查，超过60%的院校表示其实训基地的设备更新周期超过5年，这与现代农业技术的快速发展形成了鲜明对比。

二、新农科教育问题的对策

（一）开展课程体系改革

1.引入跨学科课程，增强课程的综合性

在新农科教育领域，引入跨学科课程是提升教育质量、增强课程综合性的关键举措。随着现代农业技术的快速发展，传统的单一学科教育模式已难以满足行业对复合型人才的需求，所以需要将不同学科结合起来。例如，农业生态学与信息技术的结合，不仅能够帮助学生理解作物生长与环境之间的复杂关系，还能通过数据分析预测作物病害，从而实现精准农业。根据《中国农业教育》杂志的报道，跨学科课程的引入能够显著提高学生的创新能力和解决实际问题的能力。此外，通过跨学科课程，可以让学生接触到更多元的知识体系，如将经济学原理应用于农业资源管理，或结合社会学视角分析农村发展问题，从而培养出具有全局视野的农业人才。

2.增设与现代农业技术相关的课程

在新农科教育中增设与现代农业技术相关的课程，是应对农业现代化挑战、培养未来农业领域创新人才的关键举措。随着全球气候变化和人口增长带来的压力，传统农业已无法满足现代社会的需求。据联合国粮食及农业组织（FAO）预测，到2050年，全球粮食需求将增加70%。因此，新农科教育必须与时俱进，将现代农业技术课程纳入教学体系，如精准农业、生物技术、智能农业机械等，以提高学生的专业技能和适应未来农业发展的能力。例如，通过引入精准农业课程，学生可以学习到如何利用卫星定位系统（GPS）、地理信息系统（GIS）和遥感技术来优化作物种植和管理，从而提高产量和资源利用效率。此外，生物技术课程的增设，能使学生掌握基因编辑、克隆技术等现代生物技术在农业中的应用，为农业可持续发展提供科学支撑。通过这些课程的设置，新农科教育不仅能够丰富学生的理论知识，更能增强他们的实践操作能力和创新思维，为农业现代化培养出更多具有国际视野的复合型人才。

3.强化实践教学环节，提高动手能力

在新农科教育中，强化实践教学环节是提高学生动手能力的关键。实践教学能够让学生在"做中学"，从而更深刻地理解理论知识，并将其转化为实际操作技能。因此，新农科教育应重视实验实训设施的投入，建立校内外实习实训基地，与企业合作共享资源，利用现代信息技术模拟实践环境，从而全方位提升学生的动手能力。

4.定期更新课程内容，保持与时俱进

在新农科教育中，定期更新课程内容，保持与时俱进是至关重要的。随着科技的快速发展，现代农业技术日新月异，这就要求新农科教育紧跟时代的步伐。例如，《中国农业科学》杂志的最新研究表明，精准农业、智能农业等新兴技术正在改变传统农业的面貌。因此，课程内容应包含前沿技术，如无人机植保、农业大数据分析等，以培养学生的现代科技应用能力。同时，课程更新应结合实际案例分析，如引入"互联网＋农业"的成功案例，让学生了解如何利用互联网技术提升农业产业链的效率和价值。通过这些措施，新农科教育不仅能够适应现代农业的发展需求，还能激发学生的创新思维和实践能力。

（二）加强师资队伍建设

1.引进具有实践经验的教师

在新农科教育改革的浪潮中，引进具有实践经验的教师是提升教育质量的关键一环。据《中国教育报》报道，在当前我国农业类高校教师队伍中，具有实际农业工作经验的教师比例不足20%，这一数据凸显了实践型教师的稀缺性。实践型教师不仅能够将理论知识与实际操作相结合，还能通过分享自身在农业领域的经验，激发学生的学习兴趣和创新精神。例如，某农业大学聘请了一位在农业企业担任过多年技术总监的教师，该教师将企业中的实际案例引入课堂，使学生能够直观地理解现代农业技术的应用，极大地提高了教学效果。此外，实践型教师的引入，有助于构建"产教融合"的教育模式，通过与企业的紧密合作，为学生提供实习和就业机会，从而缩短学生从校园到职场的过渡期。因此，高校应积极采取措施，如提供有竞争力的薪酬福利、建立教师与行业专家的交流平台等，吸引并留住具有实践经验的教师，为新农科教育注入新的活力。

2.定期组织教师进行专业培训和进修

为了应对新农科教育面临的挑战，要定期组织教师进行专业培训和进修。通过系统的培训，教师能够及时更新知识体系，掌握现代农业技术的最新进展，从而在教学中传授给学生。例如，根据教育部的统计数据，教师经过专业培训后，其教学效果平均提升20%。此外，培训不仅限于理论知识的讲解，还应包括实践技能的提升。例如，某农业大学通过与当地农业企业合作，为教师提供了实地考察和实践操作的机会，使教师在课堂上能够结合实际案例进行教学，大大提高了学生的实践能力。

3.鼓励教师参与科研项目，提升教学水平

在新农科教育领域，鼓励教师参与科研项目是提升教学水平的重要途径。通过科研活动，教师能够了解现代农业科技的最新进展，将前沿知识和研究成果融入课堂教学，从而提高课程的实用性和前瞻性。例如，某农业大学的教师团队参与了国家"863计划"中的智能农业项目，不仅在科研上取得了突破，更将项目成果转化为教学案例，使学生能够接触到最前沿的智能农业技术。此外，教师参与科研项目还有助于提升其学术水平和创新能力，进而激发学生的学习兴趣和创新思维。

4.建立教师与行业专家的交流平台

在新农科教育领域，建立教师与行业专家的交流平台是提升教育质量、促进知识更新和实践能力培养的重要途径。通过这样的平台，教师能够及时了解现代农业技术的最新进展和行业需求，从而在教学中融入更多实际案例和前沿知识。例如，《中国农业教育》表明，与行业专家合作的高校，其毕业生就业率和满意度普遍高于平均水平。此外，通过交流平台，教师可以邀请行业专家参与课程设计，共同开发与现代农业技术相关的课程，如智能农业、生物技术等，使课程内容更具前瞻性和实用性。同时，教师与行业专家的互动有助于学生建立职业网络，为未来就业和职业发展打下坚实基础。

（三）提升实践教学条件

1.增加对实验实训设施的投入

在新农科教育中，实验实训设施的现代化是培养学生实践能力和创新精神的关键。相关研究显示，实验实训设施的先进程度直接影响着学生的学习效果和未来的就业竞争力。例如，美国的一些农业高校通过引入先进的农业机器人和精准农业技术，不仅提高了学生的动手能力，还激发了他们对现代农业技术的兴趣。因此，增加对实验实训设施的投入，对于提升新农科教育质量至关重要。具体而言，投资应聚焦于购置最新的农业机械、建立智能化温室技术在农业教育中的应用。通过这些设施的更新和升级，学生能够接触到现代农业的前沿技术，从而更好地适应未来农业发展的需求。

2.建立校内外实习实训基地

在新农科教育改革的浪潮中，建立校内外实习实训基地是提升学生实践能力与创新能力的重要举措。通过与地方农业企业、科研机构以及农场等合作，可以为学生提供真实的工作环境，使他们能够将理论知识与实际操作相结合。例如，某农业大学与当地多家农业企业合作，建立多个校外实训基地，学生在这些基地中进行作物种植、病虫害防治等实际操作，有效提升了他们的动手能力。此外，校内实训基地的建设也不容忽视，学校应投入必要的资金，购置现代农业机械和设备，模拟真实的农业生产环境，让学生在校内就能体验到现代农业技术的应用。

3.与企业合作，共享资源

在新农科教育领域，与企业合作，共享资源是提升教育质量和学生实践能力的重要途径。通过校企合作，可以将企业的先进技术和管理经验引入课堂，为学生提供真实的工作环境和实践机会。例如，某农业大学与当地知名农业企业合作，共同开发了"现代农业技术应用"课程，学生在企业实习期间还参与了实际项目，不仅加深了对理论知识的理解，还提升了实际操作能力。据统计，参与此类合作项目的学生就业率比不参与此类合作项目的学生就业率高出 20%。此外，企业参与课程设计和人才培养，能够确保教育内容与行业需求一致，从而有效缩短学生从校园到职场的过渡期。

4.利用现代信息技术模拟实践环境

在新农科教育中，利用现代信息技术模拟实践环境是提升学生实践能力的重要途径。例如，通过虚拟现实和增强现实技术，学生可以在虚拟农场中进行作物种植、病虫害识别和处理等操作，这种模拟环境不仅安全无风险，而且可以不受季节和天气的影响。相关研究显示，使用 VR 技术进行农业教育，学生在实际操作中的错误率比使用传统教学方法进行教育的低 30%。此外，通过构建农业大数据分析平台，学生可以学习如何利用数据模型进行作物产量预测、土壤分析和精准农业管理，从而培养其数据驱动的决策能力。

（四）促进校企合作与产教融合

1.建立校企合作长效机制

在新农科教育领域，建立校企合作长效机制是推动教育与产业发展同步、提升教育质量的关键。通过校企合作，可以将企业的实际需求和行业发展趋势及时反馈到教学内容中，确保课程体系实时更新和优化。例如，某农业大学与当地知名农业企业合作，共同开发了"现代农业技术应用"课程，该课程涵盖企业的实际案例和最新技术。通过使用该课程，不仅加深了学生对理论知识的理解，还提升了其实际操作能力。此外，校企合作还能为学生提供实习和就业机会，如某校通过与企业共建实习基地，使 90% 以上的学生在毕业前获得实习经验，其中 70% 的学生被实习企业录用。建立长效机制需要双方共同投入资源，形成互惠互利的合作模式。

2. 推动产学研一体化发展

推动产学研一体化发展是新农科教育改革的重要方向，它要求教育机构、企业和研究机构形成紧密的合作关系，共同促进知识的创新、技术的转化和人才的培养。斯坦福大学与硅谷的紧密合作模式，为产学研一体化提供了成功的范例。斯坦福大学不仅为硅谷输送了大量的人才，而且其研究成果在硅谷得到了商业化应用。借鉴此模式，新农科教育应鼓励教师和学生参与科研项目，与农业企业共同开发新技术、新产品，从而缩短科研成果从实验室到市场的转化周期。

3. 企业参与课程设计和人才培养

在新农科教育改革的浪潮中，企业参与课程设计和人才培养是提升教育质量和学生就业竞争力的关键。通过企业与高校的紧密合作，可以确保课程内容与现代农业技术发展同步，从而培养出符合市场需求的高素质人才。例如，某农业大学与国内领先的农业科技企业合作，共同开发了"智能农业技术"课程，该课程涵盖企业的实际案例和最新技术，使学生能够直接接触到行业前沿。此外，企业专家参与课程设计，不仅能够提供实际问题作为教学案例，还能为学生提供实习和就业机会。这种校企合作模式不仅缩短了学生从学校到职场的过渡期，还提高了教育的针对性和实用性。

4. 为学生提供实习和就业机会

在新农科教育中，为学生提供实习和就业机会是实现教育与产业需求对接的关键环节。通过建立校企合作长效机制，可以为学生创造更多与现代农业技术接触的机会。例如，某农业大学与当地多家农业企业建立了合作关系，每年为学生提供超过 500 个实习岗位，这些实习不仅能让学生亲身体验现代农业的运作，还能帮助他们建立对未来职业的清晰认识。此外，推动产学研一体化发展，企业参与课程设计和人才培养，能够确保学生所学知识与市场需求同步，从而提高就业率。企业参与课程设计，如引入"案例教学法"，通过分析真实案例，让学生在模拟的商业环境中学习决策和解决问题的技能，这不仅增强了学生的实践能力，也为他们日后的就业打下了坚实的基础。最终，通过为学生提供实习和就业机会，新农科教育能够更好地服务于社会和产业的发展，培养出更多符合现代农业需求的高素质人才。

（五）加大教育投入与政策支持

1. 增加政府对新农科教育的财政支持

在新农科教育的发展过程中，政府的财政支持是推动其进步的关键因素。例如，根据《中国教育统计年鉴》的数据，2019 年全国教育经费总投入为 50 178.12 亿元，其中对农业类院校的投入仅占很小一部分。若政府能够将新农科教育的财政支持提升至总教育经费的 3%，即约 1 500 亿元，这将极大地促进新农科教育的课程体系改革、师资队伍建设、实践教学条件的提升以及校企合作的深化。财政支持不仅能够用于更新陈旧的实验实训设施，还能用于引进和培养具有实践经验的教师，以及建立校企合作的长效机制。政府的财政支持对于新农科教育的长远发展至关重要，它将有助于培养更多适应现代农业发展需求的高素质人才，进而推动农业科技创新和农业产业可持续发展。

2. 制定优惠政策，吸引社会资本投入

为了应对新农科教育面临的挑战，政府必须采取创新的策略，其中制定优惠政策来吸引社会资本投入是关键一环。通过税收减免、财政补贴、贷款贴息等激励措施，可以有效降低企业参与教育投资的风险，提高其积极性。例如，政府可以为那些投资于新农科教育设施建设或课程研发的企业提供税收优惠，从而鼓励企业将资金投入教育领域。此外，政府还可以设立专项基金，对那些在新农科领域作出突出贡献的企业进行奖励，以此来激发企业对教育事业的长期投入。

3. 建立健全教育质量评估体系

建立健全新农科教育质量评估体系是提升教育水平和确保教育成果符合现代农业发展需求的关键。评估体系应涵盖课程内容的时效性、教学方法的创新性、学生实践能力的培养以及校企合作的成效等多个方面。例如，可以采用"教育质量评估模型"（如 CIPP 模型），从背景、输入、过程和产出四个层面评估教育质量。在背景层面，评估新农科教育是否与国家农业发展战略和地方农业需求相匹配；在输入层面，考查师资力量、教学设施和资金投入是否充足；在过程层面，监控教学方法的现代化程度和学生参与度；在产出层面，通过毕业生就业率、行业反馈和科研成果等指标来衡量教育成效。此外，引入第三方评估机构，确保评估的客观性和公正性。同时，定期发布评估报告，公开透明地向社会展示新农科教育的质量，以促进持续改进和优化。

4. 强化教育投入与产出的监管机制

在新农科教育领域，强化教育投入与产出的监管机制是确保资源有效利用和教育质量提升的关键。首先，政府和教育机构应建立合理的财务报告体系，确保每一笔教育投入都能追踪到。例如，可以借鉴美国的"绩效预算"模型，将教育资金的分配与教育成果挂钩，通过设定明确的绩效指标来评估教育投入的产出效率。其次，引入第三方评估机构，对新农科教育项目进行定期评估。在评估过程中，可以参考英国的"高等教育质量保障署"（QAA）模式，通过外部评估来保证教育的客观性和公正性。此外，教育投入与产出的监管机制还应包括对教师和学生的激励措施，如根据教学和学习成果给予奖励，从而激发教师的教学热情和学生的学习动力。

第八章　智慧农业与耕读教育的未来发展

第一节　耕读教育的持续创新与中国特色体系构建

一、耕读教育的创新路径

（一）跨学科融合耕读教育内容的创新设计

跨学科融合耕读教育内容的创新设计旨在打破传统教育的界限，将农业知识与人文、自然科学等多学科知识相结合，以培养学生的综合素养。例如，通过将生态学、土壤学与传统农耕知识相结合，学生不仅能够理解作物生长的自然规律，还能掌握可持续农业的实践技能。在这一过程中，教育者可以借鉴"学习金字塔"模型，强调通过实践操作和教授他人来加深学习印象，从而提高学生对耕读知识的掌握程度和应用能力。

此外，跨学科融合耕读教育内容的创新设计还应注重案例教学的应用。通过引入中国农业发展史中的成功案例，如"南泥湾精神"，结合现代生态农业的实例，学生能够直观地了解耕读教育与国家发展、生态文明建设之间的内在联系。这种案例教学法能够激发学生的学习兴趣，同时培养他们分析问题和解决问题的能力。

在进行跨学科融合耕读教育内容的创新设计时，教育者还应考虑如何将现代科技融入教学之中。例如，利用虚拟现实技术模拟不同的耕作环境，让学生在虚拟场景中体验耕作过程，这不仅能够增强学生的实践体验，还能激发他们对农业科技的兴趣。同时，通过数据分析和模型构建，可以让学生更深入地理解农业生产的复杂性和科学性，从而培养他们的数据处理能力和科学思维。

（二）体验式学习模式在耕读教育中的应用

耕读教育的体验式学习模式强调通过亲身参与和实践来获得知识与技能，这种模式在耕读教育中的应用，不仅能够加深学生对传统文化的理解，还能培养他们的创新思维和问题解决能力。例如，在耕读教育实践中，学生可以通过参与农耕活动，亲身体验农作物从种植、生长到收获的全过程，从而理解"粒粒皆辛苦"的道理。这种体验式学习模式能够让学生在实践中学习到书本之外的知识，如生态平衡、资源循环利用等，从而形成与自然和谐相处的观念。

在耕读教育的体验式学习中，案例教学法也扮演着重要角色。通过分析历史上的耕读教育成功案例，如古代书院的耕读结合模式，学生可以学习到如何将知识与实践相结合。例如，宋代的朱熹在白鹿洞书院推行的"耕读并重"教育模式不仅培养了学生的学术素养，也锻炼了他们的劳动技能。这种模式的现代应用，可以结合现代教育理念，通过设计具有中国特色的耕读课程，让学生在体验中学习，从而达到知行合一的教育目标。

此外，在耕读教育的体验式学习中，还可以借助现代教育技术，如虚拟现实和增强现实技术，为学生创造更加生动的学习体验。通过模拟古代耕读场景，学生可以在虚拟环境中体验耕读生活，这种沉浸式学习方式能够极大地提高学生的学习兴趣和参与度。

（三）耕读教育中的创新思维与问题解决能力培养

耕读教育作为中国传统文化与现代教育理念相结合的产物，其核心在于培养学生的创新思维与问题解决能力。在这一教育模式下，学生不仅要学习书本知识，更要通过跨学科的融合、体验式学习以及社会实践项目，将理论与实践相结合，从而锻炼出解决实际问题的能力。例如，通过将农业知识与自然科学、经济学等学科相结合，学生能够理解生态平衡与可持续发展的重要性，进而提出创新的解决方案。在耕读教育中，学生被鼓励提出问题，并通过团队合作、项目研究等方式寻找答案，这种教育方式有助于培养学生的批判性思维和创造性思维。

（四）社会实践项目促进耕读教育深度实践

耕读教育的深度实践通过社会实践项目实现。耕读教育以"知行合一"为指导，强调理论与实践的紧密结合，旨在培养学生的实践能力和创新精神。例如，在某校开展的"绿色校园"项目中，不仅让学生在校园内种植各类植物，还鼓励他们研究植物生长的环境条件，从而理解生态平衡的重要性。通过这样的项目，学生不仅学习了生物学知识，还培养了对环境的责任感和可持续发展的意识。据统计，参与此类项目的学校，学生的环境意识和科学素养普遍提高了20%。

在耕读教育中，社会实践项目还能够促进学生对中国特色社会主义核心价值观的理解和内化。通过参与乡村振兴计划，学生能够亲身体验到农村的发展变化，从而深刻理解"劳动最光荣"的理念。例如，通过某地的"一村一品"项目，让学生参与到当地特色农产品的种植、加工和销售过程中，他们在此过程中不仅学习了农业知识，还体会到劳动的价值和意义。这种实践经历使得学生对"勤劳致富"的观念有了更加直观和深刻的认识。

此外，社会实践项目在耕读教育中的应用，还能够促进教育内容的创新设计。以"体验式学习"为例，通过将学生带入真实的劳动场景，如农田、工厂等，使学生能够在实践中学习和应用所学知识，从而提高问题解决能力。例如，在某校的"社区服务"项目中，学生通过解决社区居民的实际问题，如环境清洁、文化宣传等，不仅锻炼了组织协调能力，还增强了社会责任感。这种以问题为导向的学习模式有效地提升了学生的综合素养。

综上所述，社会实践项目在耕读教育中的应用，不仅丰富了教育内容，还促进了学生对中国特色社会主义核心价值观的理解和实践能力的提升。通过这些项目的实施，耕读教育得以在实践中不断深化，为培养具有创新精神和实践能力的新时代青年奠定了坚实的基础。

（五）线上线下融合的教学模式在耕读教育中的探索

在耕读教育的持续创新与中国特色体系构建中，线上线下融合的教学模式成为一种重要的教育实践。这种模式通过结合传统课堂教学与现代信息技术，不仅提高了教育资源的利用效率，还拓宽了耕读教育的时空边界。例如，中国教育科学研究院的数据显示，2020年在线教育用户规模已超过3.8亿人，这为耕读教育提供了庞大的潜在用户基础。通过线上平台，学生可以随时随地访问丰富的耕读教育资源，如农业知识视频等，这不仅增强了学习的趣味性，还促进了学生对农业知识的深入理解。

在实践中，线上线下融合的教学模式也促进了耕读教育内容的创新设计。以"互联网＋耕读教育"为例，通过线上平台的互动讨论区和线下实地考察相结合的方式，学生能够将理论知识与实际操作相结合，从而培养出更强的创新思维和问题解决能力。例如，某地的耕读教育项目通过线上课程学习农业技术，再结合线下实地参与农作物种植，使学生不仅学习了作物生长的科学原理，还体验了从播种到收获的全过程，这种模式极大地提升了学生的实践能力。

此外，线上线下融合的教学模式还为耕读教育的可持续发展提供了新的思路。通过线上平台的大数据分析，教育者可以更精准地了解学生的学习需求和行为模式，从而优化教学内容和方法。通过技术手段，耕读教育能够更好地激发学生的学习兴趣，使他们成为耕读知识的热爱者和传播者。同时，这种模式促进了教育公平，使偏远地区的学生也能享受到优质的耕读教育资源，缩小了城乡教育差距。

（六）教育技术在耕读教育中的应用

在耕读教育的持续创新与中国特色体系构建中，教育技术的应用已成为推动教育模式革新的关键力量。随着互联网、大数据、人工智能等现代信息技术的飞速发展，耕读教育正逐步实现从传统教学向智慧教育的转型。例如，通过在线教育平台，学生可以不受地域限制地接触到优质的耕读教育资源，如"慕课"（MOOCs）的兴起，使耕读教育课程能够覆盖更广泛的受众，打破了传统课堂的时空限制。

教育技术的应用不仅限于提供远程学习的机会，还包括利用虚拟现实（VR）和增强现实（AR）技术为学生创造沉浸式的学习体验。例如，通过VR技术，学生可以身临其境地体验古代农耕文化，或是模拟进行农作物的种植与管理，从而加深对耕读教育内容的理解和记忆。此外，利用大数据分析，教育者可以对学生的学习行为进行追踪和分析，从而为每个学生提供个性化的学习路径和资源推荐，实现教育的精准化和个性化。

在耕读教育中融入教育技术，还意味着要培养学生的创新思维和问题解决能力。通过引入编程教育、机器人教育等STEM（科学、技术、工程和数学）课程，学生可以在实践中学习和应用知识，培养解决实际问题的能力。耕读教育结合教育技术，为培养能够适应未来社会的创新人才打下坚实的基础。

然而，教育技术的应用也面临着挑战，如技术设备的普及率、师资力量的培训以及教育内容与技术的深度融合等问题。因此，构建具有中国特色的耕读教育体系，需要政策的支持、资金的投入以及社会各界的共同努力，以确保教育技术能够真正服务于耕读教育的创新与发展。

二、耕读教育与中国特色体系构建

（一）耕读教育理念与中国文化核心价值观的融合

耕读教育理念与中国文化核心价值观的融合，是构建具有中国特色教育体系的重要组成部分。耕读教育强调"知行合一"，倡导学生在学习知识的同时，要注重实践和体验，这与儒家文化中"学而时习之，不亦说乎"的教育思想不谋而合。在耕读教育实践中，学生通过参与农业劳动，体验农耕文化，不仅能够加深对自然规律的理解，还能培养对土地和生命的尊重，这正是中国文化中"天人合一"哲学思想的体现。例如，某校在实施耕读教育项目时，将《诗经》中的农事诗篇与实际的农耕活动相结合，让学生在种植水稻的过程中体会"粒粒皆辛苦"的真谛，从而培养学生的劳动意识和感恩意识。此外，耕读教育还注重培养学生的社会责任感和集体主义精神，这与"仁爱"和"大同"等传统价值观相契合。通过耕读教育，学生能够更好地理解中国文化的深层价值，形成正确的世界观、人生观和价值观。

（二）耕读教育体系构建中的政策支持与资源配置

耕读教育体系的构建离不开国家政策的有力支持和资源配置的科学合理。以中国为例，政府在教育领域的投入逐年增加。根据教育部发布的数据，2020 年国家财政性教育经费占 GDP 的比例达到 4.22%，这为耕读教育的发展提供了坚实的财政基础。在政策层面，国家相继出台了《乡村振兴战略规划（2018—2022 年）》和《中国教育现代化 2035》，强调了教育与农村发展的紧密结合，为耕读教育的推广和实施提供了政策导向。在资源配置方面，通过实施"一村一师"计划，确保每个乡村学校至少配备一名专职教师，同时，利用现代信息技术，如远程教育和在线课程，解决师资不足的问题，实现优质教育资源的均衡分配。此外，通过引入"互联网＋教育"的模式，构建了耕读教育的数字化平台，使教育资源能够跨越地理限制，惠及更广泛的农村地区。在政策支持与资源配置的双重作用下，耕读教育体系得以创新构建，既保留了传统文化的精髓，又适应了现代社会的发展需求。

（三）耕读教育在乡村振兴与城乡一体化中的角色

耕读教育在推动乡村振兴与城乡一体化进程中扮演着至关重要的角色。通过将传统耕读文化与现代教育理念相结合，耕读教育不仅传承了中国悠久的农耕文明，还促进了城乡文化的交流与融合。例如，在某地实施的"一村一师"项目中，通过引入城市教师资源，为乡村学生提供更丰富的知识，有效缩小了城乡教育差距。根据教育部发布的数据，此类项目在提高乡村学生综合素质和升学率方面取得了显著成效。此外，还可通过参与农事活动，让学生亲身体验劳动的价值，培养其责任感和实践能力。耕读教育正是通过激发学生对知识和劳动的兴趣，引导他们乐于学习、乐于劳动，为乡村振兴注入了新的活力。

（四）特色耕读教材与课程体系的设计与实施

特色耕读教材与课程体系的设计与实施，是耕读教育体系构建中的核心环节。在这一过程中，教材与课程体系的创新设计需紧密结合中国传统文化与现代教育理念，以确保教育内容的丰富性和实践性。例如，通过引入"四书五经"等经典文献，结合现代生态农业知识，设计出一套既传承国学精粹又符合现代耕读教育需求的教材。课程体系则应注重跨学科的融合，如将历史、地理、生物等学科知识与耕读实践相结合，形成具有中国特色的综合实践活动课程。

在实施过程中，应注重体验式学习模式的应用，通过实地考察、农事体验等方式，让学生在实践中学习和感悟。例如，可以借鉴陶行知先生的"生活即教育"理念，将学生带入真实的农村环境中，让学生通过参与农作物种植、收获等农事活动，体验劳动的艰辛与快乐，从而培养学生的劳动意识和实践能力。同时，课程设计应融入创新思维与问题解决能力的培养，鼓励学生在面对耕读实践中的问题时，能够运用所学知识进行分析和解决。

此外，特色耕读教材与课程体系的设计与实施还应考虑社会资源的整合与多方合作共建模式。例如，可以与当地农业部门、科技企业、非政府组织等合作，共同开发适合不同年龄段学生的耕读教育课程。通过这种合作模式，不仅可以丰富课程内容，还能为学生提供更广阔的实践平台。教育评价体系的建立与优化也至关重要，应建立一套科学的评价机制，对学生的耕读学习效果进行综合评价，以确保教育质量。

（五）耕读教育与生态文明建设的内在联系及实践探索

耕读教育与生态文明建设的内在联系体现在教育内容与实践活动中对自然环境的尊重和保护。在耕读教育实践中，通过跨学科融合，将生态学、环境科学与传统农耕知识相结合，不仅传授学生农业耕作的技能，更强调生态平衡与可持续发展的理念。例如，通过体验式学习模式，学生可以直接参与到农田的耕种与管理中，了解农作物的生长周期，理解生物多样性的重要性，以及人类活动对自然环境的影响。这种教育方式有助于培养学生的环境责任感和问题解决能力，使他们成为生态文明建设的积极参与者。

在耕读教育与生态文明建设的实践探索中，特色耕读教材与课程体系的设计与实施尤为关键。教材中可以融入生态文明建设的案例分析，如"绿色屋顶""生态农业"等项目，让学生了解如何在城市与乡村中实现生态与经济的双赢。通过案例学习，学生能够掌握将理论知识应用于实际问题解决的技能，从而在未来的社会实践中更好地推动生态文明建设。此外，教育技术的应用，如虚拟现实和增强现实技术，可以模拟自然环境，让学生在虚拟场景中体验生态系统的复杂性和脆弱性，增强其环境保护意识。

耕读教育在乡村振兴与城乡一体化中的角色，也与生态文明建设紧密相关。通过耕读教育，可以促进城乡教育资源的均衡分配，提升农村地区的教育水平，同时强化农村居民的生态文明意识。例如，通过社会实践活动，如"绿色村庄"项目，学生和村民可以共同参与村庄绿化、垃圾分类和水资源保护等活动，这不仅改善了农村的生态环境，也促进了当地经济的可持续发展。

（六）构建具有中国特色的耕读教育体系

构建具有中国特色的耕读教育体系，不仅需要深入挖掘中国传统文化的精髓，还要结合现代教育理念，形成独特的教育模式。耕读教育的历史源远流长，它根植于中国古代的农耕文明，强调"读万卷书，行万里路"，将知识学习与实践活动相结合。在新时代背景下，耕读教育的创新路径应包括跨学科融合，如将自然科学与人文社科知识相结合，设计出符合学生认知规律的课程内容。例如，通过将生态学与文学相结合，学生不仅能够理解生物多样性的重要性，还能通过阅读古代诗词来感受人与自然和谐共生的意境。

构建具有中国特色的耕读教育体系，还需考虑政策支持与资源配置。政府应出台相应的政策，为耕读教育提供必要的物质和政策支持，如设立专项基金、优化师资培训体系等。同时，应鼓励社会力量参与耕读教育的建设，形成政府、学校、家庭、社会多方参与的教育网络。通过这样的合作模式，可以有效整合资源，推动耕读教育可持续发展。此外，耕读教育评价体系的建立与优化也至关重要，应结合中国教育的实际情况，制定科学合理的评价标准，以促进教育质量的提高。

三、耕读教育的未来展望

（一）耕读教育面临的挑战与机遇

1.现代化进程中耕读教育的适应性挑战

在现代化的浪潮中，耕读教育面临着前所未有的适应性挑战。随着科技的飞速发展和城市化进程的加速，传统耕读教育模式亟须创新，以适应新的社会需求。在这样的背景下，耕读教育必须重新定位，以确保其内容和方法能够与现代教育理念和科技手段相结合，从而培养出既了解传统农耕文化，又具备现代科技知识和创新思维的人才。耕读教育的创新路径应致力激发学生对知识的热爱，引导他们主动探索和实践，以适应现代化社会的多元需求。

2.城乡差异对耕读教育资源分配的影响

在耕读教育的持续创新与中国特色体系构建的过程中，城乡差异对教育资源的分配构成了显著的挑战。城市学校在师资力量、教学设施和课外活动资源方面普遍优于农村学校。例如，城市学校可能拥有更先进的实验室、图书馆和体育设施，农村学校则可能面临设施老旧、图书匮乏的问题。这种差异不仅影响了学生接受耕读教育的质量，也减少了农村地区学生接触跨学科知识和体验式学习的机会。孔子在《论语·卫灵公》中说"有教无类"，强调教育的普及和平等，然而现实中城乡教育资源的不均衡分配，却与这一理念相悖。因此，构建具有中国特色的耕读教育体系，必须重视并解决城乡差异问题，通过政策支持和资源配置，促进教育公平，确保每个孩子都能享受到高质量的耕读教育。

3.社会观念转变对耕读教育认知的挑战

随着社会观念的转变，耕读教育面临着认知上的重大挑战。在快速现代化和城市化的背景下，传统耕读教育的模式和内容需要与时俱进，

以适应新的社会需求和价值观。例如，根据教育部发布的数据，2020 年
我国城镇常住人口首次超过农村常住人口，这标志着我国社会结构的重
大转变。这种城乡人口结构的变化，对耕读教育的实施提出了新的要求，
如何在城市化进程中保持耕读教育的特色和价值，成为教育者必须思考
的问题。

社会观念的转变还体现在对教育目的和方法的重新认识上。在现代
教育观念中，人们越来越重视培养学生的兴趣和创新能力，而耕读教育
作为一种强调实践和体验的教学方式，恰好能够满足这一需求。而如何
将耕读教育与现代教育理念相结合，使之既能传承传统文化，又能激发
学生的创新精神和实践能力，是当前耕读教育面临的重要挑战。

此外，社会观念的转变还体现在对教育公平的追求上。联合国教科
文组织指出，教育是实现可持续发展的关键。耕读教育在促进教育公平
方面具有独特优势。而如何在资源有限的情况下确保耕读教育的普及和
质量，是教育政策制定者和实践者需要共同面对的问题。通过政策支持
和社会资源整合，构建一个公平、包容的耕读教育体系，是应对这一挑
战的关键。

4.全球化背景下耕读教育的国际竞争力问题

在全球化的大背景下，耕读教育的国际竞争力问题比较突出。随着
国际交流的日益频繁，教育的全球竞争格局愈发明晰。耕读教育作为一
种融合了中国传统文化与现代教育理念的教育模式，其独特的实践方法
在国际上具有一定的吸引力。耕读教育要提升其国际竞争力，必须在保
持自身特色的同时，积极吸收国际先进的教育理念和实践，实现教育内
容和方法的创新。例如，可以借鉴国际上成功的跨文化教育项目，如 IB
（国际文凭组织）课程，将耕读教育的核心理念与国际教育标准相结合，
提升课程的国际化水平。同时，通过引入国际先进的教育技术，如慕课，
耕读教育可以突破地域限制，向世界展示其独特的教育魅力。正如孔子

在《论语·述而》中所言："三人行，必有我师焉。"耕读教育在国际交流中应保持谦逊学习的态度，不断吸收和融合，以提升其在国际教育舞台上的竞争力。

5.科技创新对耕读教育模式与内容的革新要求

在耕读教育的持续创新与中国特色体系构建的过程中，科技创新成为推动教育模式与内容革新的重要力量。随着大数据、人工智能、云计算等技术的飞速发展，耕读教育正逐步实现个性化与智能化的转型。例如，通过大数据分析，教育者可以更精准地了解学生的学习习惯和知识掌握情况，从而设计出更加符合学生需求的课程内容和教学方案；人工智能技术的应用，如智能教学助手和自适应学习平台，能够为学生提供个性化的学习路径和即时反馈，极大地提高了学习效率和效果；虚拟现实和增强现实技术的引入，为耕读教育提供了沉浸式学习体验，使学生能够在虚拟环境中亲身体验耕读文化，加深对知识的理解和记忆。可以说，技术本身并不足以改变世界，只有将技术与人文艺术相结合，才能真正推动社会进步。科技与耕读教育的结合，正是在追求技术与人文的完美融合，以期构建一个更加丰富、高效、可持续发展的教育体系。

（二）耕读教育的可持续发展策略

1.政策支持与资金持续投入机制

耕读教育的持续创新与中国特色体系构建，离不开政策的有力支持和资金的持续投入。政策的制定与实施为耕读教育提供了方向和保障，资金的持续投入则是实现教育创新和体系构建的物质基础。例如，中国政府在"乡村振兴战略"中明确提出了加强农村教育的政策，这为耕读教育的发展提供了政策依据。在资金投入方面，根据教育部发布的数据，2020年国家财政性教育经费占 GDP 的比例达到 4.22%，这一比例的持续增长为耕读教育的创新实践提供了资金保障。同时，通过引入 PPP（public-private partnership）模式，政府与私营部门合作，共同投资于耕读教育项目，如特色耕读教材的开发和实践基地的建设，有效缓解了公共财政的压力，同时引入了私营部门的创新机制和管理经验。此外，可以借鉴国际上成功的教育投资案例，如新加坡的"教育储蓄计划"，鼓励家庭和社会对耕读教育进行长期投资，形成多元化的资金来源结构。通过政策和资金的双重保障，耕读教育不仅能够适应现代化进程中的挑战，还能在城乡一体化和生态文明建设中发挥其独特的作用，最终构建起具有中国特色的耕读教育体系。

2. 耕读教育师资队伍的培养与专业发展

耕读教育师资队伍的培养与专业发展是耕读教育体系构建中的核心环节。在这一过程中，教师不仅需要掌握跨学科知识，更应具备将理论与实践相结合的能力。例如，通过引入案例教学法，教师可以将耕读教育中的实际问题转化为教学案例，引导学生进行深入分析和讨论。此外，师资队伍的培养应注重与国际教育理念接轨，通过定期的国际交流与合作，提升教师的跨文化教学能力。

在耕读教育师资队伍的专业发展方面，可以采用"行动研究"模型，鼓励教师在教学实践中不断反思和改进。通过这种方式，教师能够将耕读教育理念融入日常教学中，同时通过研究自己的教学实践，不断优化教学内容和方法。例如，在某地耕读教育项目中，教师通过行动研究，发现将传统农耕文化与现代生态农业相结合的课程设计能够有效提升学生对耕读教育的兴趣和参与度。

为了进一步提升师资队伍的专业水平，可以建立教师专业发展档案，记录教师的培训经历、教学成果和学生反馈等信息。通过数据分析，可以对教师的专业成长进行量化评估，并据此提供个性化的培训计划。例如，某项研究显示，教师在经过系统的耕读教育理念培训后，其教学效果平均提升了20%。这表明，有针对性的师资培训对于提升耕读教育质量具有显著效果。

此外，耕读教育师资队伍的培养与专业发展还应重视教师的终身学习。通过建立教师学习共同体，鼓励教师之间相互学习、分享经验，形成持续学习和共同进步的良好氛围。

3.社会资源整合与多方合作共建模式

在耕读教育的持续创新与中国特色体系构建的过程中，社会资源整合与多方合作共建模式显得尤为重要。通过整合政府、企业、教育机构、非政府组织以及社区资源，可以形成一个多元化的合作网络，共同推动耕读教育的发展。例如，政府可以提供政策支持和资金投入，企业可以提供实践基地和实习机会，教育机构可以提供专业的师资和课程设计，非政府组织可以提供社会服务和志愿活动，社区则可以提供实践场所和文化氛围。这种合作模式不仅能够优化资源配置，还能促进知识与经验的交流，形成教育合力。

4.耕读教育评价体系的建立与优化

耕读教育评价体系的建立与优化是确保教育质量与创新性持续提升的关键。在构建评价体系时，应综合考虑耕读教育的跨学科特性、体验式学习的成效以及创新思维的培养。例如，可以采用多元化的评价指标，如学生在耕读项目中的参与度、实践能力的提升以及对传统文化的理解和传承能力。通过引入数据驱动的分析模型，如基于大数据的学生表现分析，可以更精确地评估教育活动的效果，并据此调整教学策略。

评价体系的优化应结合中国特色体系构建的目标，将耕读教育理念与中国文化核心价值观的融合程度纳入考量范围。例如，可以设计案例研究，分析学生在参与耕读教育后，对中国传统文化的认同感和传承意识是否有所增强。

此外，在评价体系的建立过程中，还应注重评价方法的创新，如引入同行评审、自我评价以及第三方评价等多元评价方式，以确保评价结果的客观性和全面性。同时，评价体系应具备动态调整机制，能够根据耕读教育的发展趋势和教育政策的变化，及时更新评价标准和方法。通过这样的评价体系，可以为耕读教育的可持续发展提供有力支持，确保教育活动始终与中国特色社会主义教育目标一致。

5.耕读教育国际交流与合作的深化拓展

在全球化的大背景下，耕读教育的国际交流与合作显得尤为重要。通过与国际教育机构的深入合作，耕读教育可以借鉴国外先进的教育理念和实践，如芬兰的自然教育模式、日本的"食育"教育等，将这些元素融入耕读教育体系中，提升教育质量。例如，可以设立国际耕读教育交流项目，邀请国外教育专家来华讲学，同时派遣国内教师和学生赴海外学习交流，通过这种"走出去、引进来"的方式，促进教育理念的更新和教学方法的创新。

此外，耕读教育的国际合作还可以通过建立跨国教育合作平台来实现。通过这些平台，可以共享教育资源，联合开展耕读教育研究，共同开发适合不同国家和地区的耕读教育课程。通过这种合作，不仅能够促进耕读教育的国际化，还能加深对中国传统文化的理解和尊重，从而在全球范围内推广具有中国特色的耕读教育模式。

在深化耕读教育的国际合作过程中，还可以参考"比较教育学"的分析模型，对不同国家的教育体系进行比较研究，找出各自的优势和不足，从而实现互补和共赢。

第二节　智慧农业技术的新趋势与教育前景展望

一、新趋势：智慧农业技术的最新进展

（一）无人机自动化巡检与精准农业作业

随着智慧农业技术的不断进步，无人机自动化巡检与精准农业作业

成为现代农业生产中不可或缺的一部分。无人机技术的应用不仅提高了农业作业的效率，还显著降低了人力成本。例如，在美国，无人机在农业领域的应用帮助农民实现了作物病害的早期检测，通过搭载高分辨率相机和多光谱传感器，无人机能够捕捉到作物生长的细微变化，从而进行精准施肥和喷洒农药。根据美国农业部的数据，这种精准农业作业方式可以将农药使用量减少30%，同时使作物产量提高10%。

在高等教育领域，无人机自动化巡检与精准农业作业的融合为农业技术教育带来了新的挑战与机遇。高校和研究机构正在开发与之相关的课程体系，以培养具备跨学科知识背景的智慧农业技术人才。例如，麻省理工学院（MIT）的农业与食品技术项目将无人机技术作为其课程的一部分，旨在通过实践教学让学生掌握无人机在农业中的应用。此外，无人机技术在教育中的应用也促进了学生对数据分析、机器学习和遥感技术的理解，为他们未来在智慧农业领域的创新与创业奠定了坚实的基础。

通过将无人机技术融入农业教育，不仅激发了学生对现代农业技术的兴趣，还培养了他们解决实际问题的能力。这种教育模式的转变，预示着未来的智慧农业技术人才将更加注重实践能力和创新思维，为农业的可持续发展提供了强有力的人才支持。

（二）遥感技术在农作物生长监测中的革新

随着遥感技术的飞速发展，智慧农业技术在农作物生长监测领域迎来了革新。遥感技术通过卫星或无人机搭载的传感器，能够实时捕捉农田的高分辨率图像，为精准农业提供了前所未有的数据支持。例如，使用多光谱和高光谱成像技术，可以监测作物的健康状况。研究表明，通过遥感技术监测作物生长，可以将作物产量预测的准确率提高至90%。遥感技术的应用，不仅提高了作物产量预测的准确性，还提高了资源的使用效率，避免了化肥和农药的过量使用，对环境保护和农业可持续发展具有重要意义。

（三）物联网技术在智慧农业生态系统中的整合

随着物联网技术的快速发展，其在智慧农业生态系统中的整合已成为推动农业现代化的关键力量。物联网技术通过传感器、无线通信和数据处理等手段，实现了对农田环境、作物生长状况和农业资源的实时监控和管理。例如，智能温室中的温度、湿度、光照等环境参数可以被精确控制，以优化作物生长条件。据 Omdia 预计，到 2030 年，全球物联网设备安装量将超过 820 亿台。

在智慧农业生态系统中，物联网技术的整合不仅提高了资源利用效率，还促进了精准农业的发展。通过将物联网与大数据分析技术相结合，农业生产者可以更准确地了解作物需求，及时调整灌溉、施肥和病虫害防治策略。例如，基于物联网的精准灌溉系统能够根据土壤湿度传感器的数据，自动调节灌溉量，从而达到节水增产的效果。

此外，物联网技术在智慧农业生态系统中的应用还促进了农业教育的变革。通过模拟农场和实验室的实践教学，可以让学生更直观地了解物联网技术在农业中的应用，从而培养出更多具备跨学科知识和实践能力的智慧农业技术人才。这种教育模式的转变，不仅满足了未来智慧农业的市场需求，也为农业的可持续发展提供了坚实的人才支撑。

（四）大数据驱动的农业决策支持系统

随着大数据技术的飞速发展，智慧农业技术正迎来前所未有的变革。大数据驱动的农业决策支持系统（DSS）成为现代农业管理的核心工具，它通过收集、处理和分析海量的农业数据，为农业生产者提供了科学、精准的决策依据。例如，通过分析土壤湿度、作物生长状况、天气模式等数据，DSS 能够预测作物的生长趋势，从而指导农民进行灌溉、施肥和病虫害防治等作业。在实际应用中，某农场利用 DSS 系统，通过分析历史产量数据和天气模式，成功预测了作物的最优种植时间，使该作物的产量提高了15%。

大数据驱动的农业决策支持系统不仅提高了农业生产的效率和产量，还促进了农业教育的创新。在高等教育中，这一系统被广泛应用于教学和研究中，帮助学生和研究人员理解复杂的数据分析模型和决策过程。例如，通过模拟不同农业管理策略对作物产量的影响，学生可以直观地学习到如何利用数据分析来优化农业实践。

此外，大数据驱动的农业决策支持系统在农业政策制定和市场分析中也发挥着重要作用。通过分析大量的市场交易数据、消费者偏好和价格波动，决策者可以制定更加符合市场需求的农业政策，同时帮助农民更好地把握市场动态，优化农产品的销售策略。在智慧农业技术与高等教育的融合中，这种系统不仅提升了教育质量，也为农业领域的发展提供了坚实的数据支持。

（五）人工智能算法在病虫害预测与管理中的应用

随着人工智能技术的飞速发展，其在智慧农业领域的应用日益广泛，特别是在病虫害预测与管理方面，人工智能算法正成为农业生产的强大助力。通过机器学习和深度学习模型，可以分析大量的历史数据和实时数据，从而准确预测病虫害的发生时间和地点。例如，利用卷积神经网络（CNN）对农作物图像进行分析，可以识别出早期的病虫害迹象，甚至在肉眼难以察觉的情况下，提前采取防治措施。研究表明，使用深度学习算法对作物病害进行分类的准确率已达到95%，显著提高了病虫害管理的效率和效果。

在智慧农业技术教育中，将人工智能算法应用于病虫害预测与管理，不仅能够提升学生对新技术的理解和应用能力，还能激发他们对农业科技创新的兴趣。通过案例分析，学生可以学习到如何利用人工智能算法处理和分析农业数据，以及如何将这些分析结果转化为实际的农业管理决策。例如，通过分析无人机采集的作物图像数据，学生可以掌握如何运用图像识别技术来监测和预测病虫害的发生，从而为精准农业作业提供科学依据。

在智慧农业技术的未来展望中，人工智能算法在病虫害预测与管理中的应用将推动农业教育课程体系的优化。教育机构需要与产业界紧密合作，不断更新课程内容，以确保学生能够掌握最新的技术。同时，要将理论与实践相结合，使学生在学习过程中能够参与到实际的智慧农业项目中，通过实践来深化对人工智能算法在病虫害预测与管理中应用的理解。通过这种教育模式，学生能够独立运用人工智能技术解决实际问题，为未来智慧农业的发展作出贡献。

二、智慧农业技术教育的未来展望

（一）智慧农业技术教育的课程体系优化方向

随着智慧农业技术的迅猛发展，高等教育课程体系的优化显得尤为重要。课程体系的构建应以培养学生的实践能力和创新思维为核心，结合当前智慧农业技术的最新趋势，如无人机技术、遥感技术、物联网技术、大数据分析技术以及人工智能算法等。例如，通过引入无人机操作和数据分析课程，学生可以学习如何利用无人机进行作物生长监测和精准施肥，这不仅提高了农业生产的效率，也减少了资源浪费。根据国际农业发展报告，无人机技术在农业领域的应用可使作物产量提高10%至15%。此外，课程体系应融入跨学科知识，如计算机科学、环境科学和管理学，以培养学生的综合能力。

（二）智慧农业技术教育的产学研融合策略

在智慧农业技术教育的产学研融合策略中，高等教育机构扮演着至关重要的角色。通过与产业界和研究机构的紧密合作，高校能够将最新的科研成果和行业需求转化为教学内容，从而培养出既具备理论知识又掌握实践技能的复合型人才。例如，某农业大学与当地农业企业合作，共同开发了无人机自动化巡检课程，学生通过实际操作无人机，学习如何进行作物病害监测和精准施肥，这一课程的设置提升了学生的就业竞争力。此外，产学研融合策略还促进了教育内容的实时更新，确保学生能够掌握最新的智慧农业技术，如遥感技术和物联网技术。通过这种策略，教育不仅与产业需求同步，还能够前瞻性地引导技术发展和创新。

（三）未来智慧农业技术人才需求预测

随着全球人口的增长和城市化的推进，预计到 2050 年，全球粮食需求将比现在增加 70%。智慧农业技术作为应对这一挑战的关键手段，其人才需求量正急剧上升。根据国际农业发展组织的预测，未来 10 年内，全球对智慧农业技术人才的需求将增长至少 30%。例如，无人机在农业中的应用，不仅需要操作人员，还需要能够解读遥感数据、优化飞行路径的高级技术人才。此外，物联网技术的整合要求人才具备跨学科的知识结构，能够将信息技术与农业知识相结合，以实现农业生态系统的智能化管理。因此，高等教育机构必须调整课程体系，加强与产业界的联系，以培养出能够适应未来市场需求的智慧农业技术人才。

（四）智慧农业技术教育中的创新创业教育探索

在智慧农业技术教育中，对创新创业教育的探索是培养未来农业领域领导者和创新者的关键。随着技术的不断进步，智慧农业已成为农业现代化的重要方向。例如，无人机技术在农业中的应用，不仅提高了农作物的巡检效率，还能够进行精准施肥和播种，显著提升了农业生产的效率和产量。根据国际无人机协会报告，无人机在农业领域的应用将在未来 5 年内增长超过 30%。因此，教育课程需要融入这些新兴技术，让学生掌握无人机操作、数据分析和决策制定等技能。

在创新创业教育中，案例教学法是培养学生实际操作能力和创新思维的有效手段。例如，可以引入以色列的滴灌技术案例，该技术通过精确控制灌溉，大大提高了水资源的利用效率，成为全球智慧农业的典范。通过分析这些成功案例，学生可以学习到如何将创新技术与市场需求相结合，从而在未来的智慧农业领域中实现创业。

此外，教育者可以采用"精益创业"模型来指导学生进行创业实践。该模型强调快速迭代和客户反馈，鼓励学生在学习过程中不断测试和改进他们的创业想法。通过模拟真实的市场环境，学生可以学会如何在资源有限的情况下快速适应市场变化，找到可行的商业模式。

智慧农业技术教育中的创新创业教育探索，正是要培养学生在农业领域创造新价值的能力。通过将最新的智慧农业技术与创新教育理念相结合，高等教育机构能够为学生提供充满挑战和机遇的学习环境，为智慧农业的未来发展培养出更多具有创新精神和实践能力的人才。

（五）智慧农业技术教育的国际化发展趋势

随着全球气候变化和人口增长带来的挑战，智慧农业技术教育的国际化发展趋势显得尤为重要。加强国际合作与交流，不仅有助于技术知识的共享，还能促进不同国家和地区在智慧农业领域协同创新。例如，根据国际农业发展组织的数据，通过国际合作项目，农业技术的传播速度提高了30%，这直接促进了农业生产力的提升。在教育领域，国际知名大学如荷兰瓦赫宁根大学和美国加州大学戴维斯分校等，已经开设了智慧农业相关课程和研究项目，吸引了来自世界各地的学生和研究者。这些机构通过提供跨文化的学习环境和国际化的课程内容，培养了具备全球视野的智慧农业技术人才。

三、挑战与机遇：智慧农业技术在高等教育中的应用前景

（一）高等教育中的智慧农业技术教育资源建设

随着智慧农业技术的迅猛发展，高等教育机构在资源建设方面面临着前所未有的机遇与挑战。智慧农业技术教育资源的建设不仅需要紧跟技术发展的步伐，更需要在教育内容和方法上进行创新。例如，根据元哲咨询分析，全球智能农业市场将从 2020 年的 128 亿美元增长至 2030 年的 245 亿美元，2021—2030 年的复合年增长率（CAGR）为 10.6%。因此，高校必须构建与之相匹配的课程体系，如增设无人机操作、遥感技术应用、物联网集成以及大数据分析等课程，以满足未来市场的需求。

在智慧农业技术教育资源的建设中，案例教学法的应用尤为重要。通过分析如荷兰瓦赫宁根大学等国际知名农业教育机构的成功案例，人们可以发现，将实际的智慧农业项目引入课堂，不仅能够提高学生的实践能力，还能激发他们对智慧农业技术的兴趣。例如，瓦赫宁根大学与当地农场合作，让学生参与到真实的智慧农业项目中，通过实践学习无人机巡检、作物生长监测等技术，从而加深对理论知识的理解。

此外，智慧农业技术教育资源的建设还需要注重跨学科的融合。因此，高校应注重跨学科合作，如计算机科学、环境科学、经济学等学科与农业科学的结合，共同开发新的教育项目。通过这种跨学科的教育模式，学生能够获得更全面的知识结构，为将来在智慧农业领域的发展打下坚实的基础。

最后，智慧农业技术教育资源的建设还应考虑国际化的发展趋势。随着全球农业市场的日益融合，高等教育机构应与国际伙伴合作，共同开发课程和研究项目，以培养具有国际视野的智慧农业技术人才。例如，通过与国际农业研究磋商组织（CGIAR）的合作，学生可以参与到全球范围内的智慧农业项目中，学习如何应用先进的技术解决不同地区的农业问题，从而提升其在全球农业领域的竞争力。

（二）跨学科融合背景下智慧农业技术教学的挑战与机遇

在跨学科融合的背景下，智慧农业技术教学面临着前所未有的挑战与机遇。随着技术的快速发展，传统的农业教育模式已无法满足现代智慧农业的需求。例如，无人机技术在农业中的应用，不仅需要学生掌握飞行操作技能，还要了解遥感技术、图像处理和数据分析等多学科知识。根据《国际农业与生物工程》杂志的报告，无人机在精准农业中的应用可以提高作物产量 5% 至 10%，但要实现这一目标，教育机构必须整合工程学、信息技术和农业科学等领域的课程内容。此外，智慧农业技术教育需要应对快速变化的技术环境，这要求教育者不断更新教学内容，引入最新的技术案例和分析模型，如使用机器学习算法预测作物病害的发生。这不仅要求学生具备编程和算法设计能力，还要理解植物病理学的基本原理。因此，智慧农业技术教育的核心在于培养学生的跨学科思维能力和终身学习的习惯，以适应未来农业技术的不断进步。

（三）智慧农业技术教育与农业创新创业的协同机制

在智慧农业技术教育与农业创新创业的协同机制中，高等教育机构扮演着至关重要的角色。通过将最新的智慧农业技术融入课程体系，学生不仅能够掌握无人机自动化巡检、遥感技术、物联网技术、大数据分析技术等关键技能，还能学习如何将这些技术应用于实际的农业生产中。例如，根据国际农业发展报告，采用无人机进行精准农业作业可以提高作物产量 10% 至 15%，同时减少农药使用量 20%。这种技术的应用，为农业创新创业提供了坚实的技术基础和创新动力。

智慧农业技术教育与农业创新创业的协同机制还体现在产学研的紧密结合上。通过与农业企业的合作，高等教育机构能够为学生提供实习和实践的机会，使他们能够直接参与到智慧农业项目中，从而更好地了解市场需求和行业挑战。例如，某高校与当地农业企业合作开发的智能温室管理系统不仅提高了作物的生长效率，还为学生提供了成功的创业案例。这种模式不仅促进了知识的转化，也为学生提供了创业的灵感和平台。

此外，智慧农业技术教育与农业创新创业的协同机制还应注重培养学生的创新思维和创业精神。在教育过程中，可以引入案例教学法，通过分析成功的智慧农业创业案例，如荷兰的垂直农业公司 PlantLab，其利用先进的环境控制技术，实现了在有限空间内高效生产作物，从而激发学生的创新意识。同时，教育机构可以设立创业孵化器，为有志于农业创新的学生提供资金、技术和市场支持，帮助他们将创意转化为现实。

（四）高等教育机构在智慧农业技术成果转化中的角色与定位

在智慧农业技术的未来发展中，高等教育机构扮演着至关重要的角色，它们不仅是知识的传播者，更是技术创新和成果转化的孵化器。以斯坦福大学为例，该校通过与硅谷企业的紧密合作，成功地将科研成果转化为市场上的创新产品，这一模式为智慧农业技术的转化提供了可借鉴的范例。高等教育机构可以通过建立专门的研究中心和实验室，如农业技术中心，集中资源进行前沿技术的研发，并通过与企业的合作，将这些技术应用于实际农业生产中，从而推动整个行业的技术进步。此外，高等教育机构还应注重跨学科的融合，将计算机科学、生物技术、环境科学等多学科知识融入智慧农业的教学和研究中，以培养具有综合能力的创新人才。

（五）国际化合作对智慧农业技术教育质量的提升作用

在智慧农业技术教育领域，国际化合作已成为提升教育质量的重要途径。通过跨国界的合作，高等教育机构能够引入先进的教学理念和实践经验，从而丰富课程内容并提高教学水平。例如，国际知名农业大学之间的学术交流项目不仅促进了知识的共享，还为学生提供了接触不同农业生态系统的机会，拓宽了他们的国际视野。根据《国际农业与生物工程》杂志的报告，参加跨国合作项目的学生在毕业后更容易适应全球化的农业市场，其就业率和创业成功率均高于平均水平。此外，通过与国际研究机构的合作，高校可以利用大数据和人工智能等先进技术，构建更为精准的农业决策支持系统，这不仅提升了教育质量，也为智慧农业技术的创新提供了动力。正如联合国粮食及农业组织所强调的，"合作是实现可持续发展目标的关键"，在智慧农业技术教育中，国际化合作是实现这一目标的有效途径。

参考文献

[1] 刘冰杰，袁业超，张远琴，等.农林院校智慧农业人才的培养方式探索：以"大数据导论"课程为例 [J].南方农机，2024，55（22）：158-161.

[2] 牛国一，曹振辉，徐乐，等.新农科背景下智慧畜牧业课程教学改革探索 [J].智慧农业导刊，2024，4（22）：27-30.

[3] 张庆海，武立华，郭海滨，等.乡村振兴背景下智慧农业专业人才培养模式构建研究 [J].绥化学院学报，2024，44（11）：130-133.

[4] 徐运飞，赵敏，尹健，等.基于"智慧+"的作物科学类专业教学改革探索 [J].安徽农学通报，2024，30（18）：123-127.

[5] 丁轲，余祖华，张小玲，等."智慧+"背景下跨学科培养一流新农科人才研究 [J].教育教学论坛，2024（32）：38-43.

[6] 梁芳，胡菊，杨秀玲，等.基于"耕读教育–智慧教学"的智慧农业专业教材建设改革与创新研究 [J].智慧农业导刊，2024，4（14）：1-4.

[7] 吴佩如，谢小曼，陈瑞克.智慧农业背景下涉农专业人才培养的必要性和举措 [J].粮油与饲料科技，2024（4）：234-236.

[8] 李茵，张宏鸣，李小丽，等.面向智慧农业乡村振兴耕读育人模式的探索研究 [J].大学，2024（15）：144-147.

[9] 郝王丽，韩猛，李富忠．探析农林院校实验室建设对智慧农业人才培养的推动作用 [J].科技风，2024（12）：7-9.

[10]黄云飞，李思婷，赵文文，等.智慧农业背景下畜牧兽医专业人才培养的思考 [J].智慧农业导刊，2024，4（7）：9-12.

[11]王有宁，张天凡，刘华波，等.新农科背景下智慧农业专业人才培养探析 [J].中国现代教育装备，2024（5）：78-80.

[12]贾艳艳，余祖华，丁轲."智慧+"背景下畜牧兽医新农科人才培养与实施路径 [J].安徽农业科学，2024，52（5）：273-275.

[13]牛俊奇.基于"校企合作、产教融合"的地方应用型高校智慧农业专业人才培养模式探究 [J].智慧农业导刊，2024，4（5）：17-20.

[14]王超，冯美臣，乔星星，等.智慧农业产业学院"1234"产教融合协同育人模式 [J].智慧农业导刊，2024，4（5）：29-32，37.

[15]李雪冬，顾萌，张梅，等.GIS与农业交叉学科创新人才培养模式探究 [J].长春师范大学学报，2024，43（2）：154-158.

[16]李振旺，刘涛，孙成明.大数据在"智慧农作技术"课程教学中的应用探索 [J].教育教学论坛，2023（51）：113-116.

[17]陈静，李广水.智慧农业人才培养中的"智慧"类课程设置探析 [J].智慧农业导刊，2023，3（23）：6-10.

[18]郝真真.构建新专业教育教材体系助力高质量拔尖人才培养：评"新农科·智慧农业系列教材" [J].生命世界，2023（11）：30-31.

[19]苏培森，李玉保，宋勇，等.新农科背景下智慧农业专业校企合作人才培养模式探索：以聊城大学为例 [J].智慧农业导刊，2023，3（18）：9-12.

[20]申奥，唐滢.新农科背景下边疆农业高校智慧农业专业的探索与实践：以 X 农业大学为例 [J].智慧农业导刊，2023，3（15）：11-14.

[21]罗国芝，谭洪新，张铮 . 新农科建设背景下跨学科教学改革：以"智慧渔业"课程为例 [J]. 教育教学论坛，2023（27）：45–48.

[22]王平祥，徐小霞，刘辉 . 智慧农业专业建设与创新发展路径 [J]. 黑龙江高教研究，2023，41（6）：156–160.

[23]王东平，霍晓倩，郭兵，等 . 乡村振兴背景下面向"智慧农业"的大学生培养创新教学研究 [J]. 科技风，2023（13）：83–85.

[24]陈志强，冯国林，李召虎 . 新农科建设背景下的智慧农业专业建设 [J]. 中国农业教育，2023，24（2）：8–13.

[25]王有宁，张天凡，刘华波，等 . 新农科背景下多学科交叉融合的智慧农业人才培养模式研究 [J]. 农业与技术，2023，43（7）：159–161.

[26]李军华，李纯，刘小燕 . 智慧渔业背景下水产养殖专业人才培养模式探索 [J]. 高教学刊，2023，9（11）：157–160.

[27]李振华 . 智慧农业专业本科生核心素养培养研究 [D]. 武汉：华中师范大学，2023.

[28]汪自松，朱正杰 . 新农科背景下智慧农业种植应用型复合人才培育体系建设 [J]. 智慧农业导刊，2023，3（4）：5–8.

[29]顾生浩，温维亮，卢宪菊，等 . 作物智慧栽培学：信息 – 农艺 – 农机深度融合的新农科 [J]. 农学学报，2023，13（2）：67–76.

[30]杨意，林芳，潘哲朗，等 . 基于 CDIO 和智慧农业导向的农业院校人才培养模式探究 [J]. 科教导刊，2022（26）：23–25.

[31]张伟 . 新农科背景下涉农高校智慧农业专业的实践教学体系构建：以东北农业大学为例 [J]. 中国农业教育，2022，23（3）：39–44.

[32]徐秋良，席磊，罗士喜 . 新农科智慧牧业科学与工程专业建设的研究与实践 [J]. 高等农业教育，2022（3）：56–60.

[33]李成亮，刘艳丽，战琨友，等 . 智慧农业背景下涉农专业教育的改革研究 [J]. 高等农业教育，2022（1）：10–15.

[34]高安崇，唐心龙，周靓，等.智慧农业时代背景下动物生产类课程实践教学体系的改革探索[J].黑龙江畜牧兽医，2021（22）：130–134.

[35]张玉山，傅锴，左欢，等.基于智慧农业的创意设计人才培养模式探究[J].湖南包装，2021，36（4）：151–152，162.

[36]宋勇，苏培森，袁凤英，等.区域综合性大学设置智慧农业专业的探索与实践[J].智慧农业导刊，2021，1（13）：5–8，13.

[37]胡云，鲁富宽，严海鸥，等.实现乡村振兴，助力脱贫攻坚：高校设立智慧农业专业的思考[J].现代农业，2021（2）：104–106.

[38]陈禅友，吴春红，牛蒙亮."新农科"建设中园艺专业课程体系改革初探：以江汉大学为例[J].教育教学论坛，2021（16）：61–64.

[39]苏培森，宋勇，李玉保，等.新农科背景下智慧农业专业人才培养模式探究[J].智慧农业导刊，2021，1（5）：43–45，50.

[40]郑建华，刘双印，王潇.面向智慧农业的大学生创新创业培养问题分析与模式探索[J].创新创业理论研究与实践，2021，4（6）：1–4.

[41]杨娟，叶进，马仲辉，等.基于互联网加智慧农业的农科人才培养模式探究[J].实验室研究与探索，2021，40（3）：145–148.

[42]谢岷，于晓芳，张永平，等.在"新农科"建设背景下高等农业院校设置智慧农业专业的重要性分析[J].智慧农业导刊，2021，1（2）：101–104.

[43]王海飞，曹越，吴圣龙，等.智慧农业时代背景下畜牧学本科生人才培养方式的探讨[J].教育教学论坛，2020（45）：267–268.

后　记

在撰写《智慧农业与耕读教育的有机结合：新农科人才培养的教育创新》的过程中，我深感责任重大，同时为能够探讨这一时代课题而感到无比的荣幸与激动。随着科技的飞速发展和乡村振兴战略的深入实施，如何在新时代背景下培养既懂农业技术又具备深厚农耕情怀的新型农业人才，成为教育工作者必须面对的重要课题。

农耕文化作为中华优秀传统文化的重要组成部分，是劳动人民长期农业实践的结晶。它不仅仅是一种生产方式，更是一种生活态度和价值观念。在深入挖掘耕读教育文化内涵的过程中，我深刻感受到其中蕴含的勤劳、淳朴、诚实、善良等美德，以及热爱土地、热爱劳动、珍惜劳动果实的浓厚情怀。这些精神品质对于培养"懂农业、爱农村、爱农民"的新农科人才具有不可替代的作用。

随着信息技术的飞速发展，智慧农业已经成为现代农业的重要发展方向。在本书的写作过程中，我尝试将智慧农业与耕读教育有机结合，探索出一条适合新时代需求的新农科人才培养模式。通过引入人工智能、物联网等现代科技手段，不仅能够提高农业生产的效率和质量，还能够让学生在亲身实践中感受到现代农业的魅力和发展前景。这种融合不仅丰富了耕读教育的内涵，也为新农科人才的培养注入了新的活力。

教育创新是推动农业现代化的重要动力。在本书中，我提出了一系列关于耕读教育与智慧农业有机结合的教育创新策略。这些策略包括重构通识教育体系、打造耕读教育精品课程资源、推进产教融合和知行融合等。通过这些策略的实施，我们希望能够培养出一批既具备扎实的农业专业知识又具备创新精神和实践能力的新型农业人才。他们将成为未来农业发展的生力军和引领者，为推动乡村振兴和农业现代化贡献青春力量。

在未来的日子里，我希望更多的教育工作者能够关注并参与到耕读教育与智慧农业相结合的教育创新实践中来。让我们携手共进，为培养更多知农爱农、强农兴农的新型农业人才而不懈努力。同时，我希望广大新农科人才能够珍惜这段宝贵的学习时光，不断锤炼自己的专业能力和实践技能，为推动乡村振兴和农业现代化贡献自己的智慧和力量。

本书在编写及出版过程中，受到玉林师范学院各级领导的支持和帮助，并由学校资助出版。参加本书编写的是玉林师范学院的王道波、梁芳、黄维。

项目的研究受到广西教育厅自治区级新工科、新医科、新农科、新文科研究与实践项目（XNK202409）、广西高等教育本科教学改革工程项目（2024JGB332、2023JGA291、2024JGA304）、广西高校人文社会科学重点研究基地"民族地区文化建设与社会治理研究中心"基金资助（2023YJJD0027）等资助，本书的出版由玉林师范学院农业硕士点建设专项经费资助，在此一并表示感谢！

最后，我要感谢所有在本书撰写过程中给予我帮助和支持的人，是你们的关心和鼓励让我有勇气面对挑战、克服困难，最终完成了这部专著的撰写。我期待着与更多的人分享这部作品的成果和心得，共同为推动我国农业教育事业的发展贡献力量。